哈洛新知
Hello Knowledge

知识就是力量

水

从源至流的共生之旅

刘利剑　主　编
谢鹏超　副主编

華中師範大學出版社
CENTRAL CHINA NORMAL UNIVERSITY PRESS
華中科技大學出版社
http://press.hust.edu.cn
中国·武汉

图书在版编目（CIP）数据

水：从源至流的共生之旅 / 刘利剑主编 . -- 武汉：华中师范大学出版社：华中科技大学出版社，2025.3.--ISBN 978-7-5769-0925-8

Ⅰ. P339-49

中国国家版本馆 CIP 数据核字第 2025SW4825 号

水：从源至流的共生之旅　　刘利剑　主　编
SHUI：CONG YUAN ZHI LIU DE GONGSHENG ZHI LÜ　　谢鹏超　副主编

策划编辑：付义朝　杨玉斌　　装帧设计：陈　露
责任编辑：董云梅　陈　露　　责任监印：刘　敏
责任校对：阮　敏

联合出版：华中师范大学出版社
华中科技大学出版社

发　　行：华中师范大学出版社（中国・武汉）　电话：027-67863426
武汉市洪山区珞喻路 152 号　邮编：430079

印　　刷：湖北恒泰印务有限公司
开　　本：710mm × 1000mm　1/16
印　　张：8.25
字　　数：93 千字
版　　次：2025 年 3 月第 1 版第 1 次印刷
定　　价：68.00 元

编委会

主　编：刘利剑

副主编：谢鹏超

参编人员（按姓氏音序排列）：

冯晓楠　郭　刚　姜　薇　毛　娟　苗　蕾　任拥政　谢鹏超

序一

民生为上，治水为要。水是生命之源，也是生态文明建设的发力点。2023 年，生态环境部等 5 部门联合印发《重点流域水生态环境保护规划》，分别从水资源、水生态、水环境三个方面提出要求。党的十八大以来，习近平总书记把治水兴水作为实现“两个一百年”奋斗目标和中华民族伟大复兴中国梦的长远大计来抓，推动相关改革发展取得新的历史性成就。《“十四五”生态环境科普工作实施方案》指出，生态环境科普是宣传习近平生态文明思想，增强生态环境保护意识，提高全民科学素质，助力深入打好污染防治攻坚战，推进生态文明建设的重要手段。

《水：从源至流的共生之旅》是一本围绕水资源、水生态、水环境展开叙述的科普图书：在水资源方面，概述了我国水资源开发利用整体情况，凸显了水资源保护的紧迫性；在水生态方面，描述了水生生物多样性、水污染困境、水体保护的细枝末节，展现了水生态的神秘性与重要性；在水环境方面，介绍了控源截污、废水利用、城市排水系统建设的最新技术成果与应用，强调了公众参与的广泛性。作为一本水环境科普图书，《水：从源至流的共生之旅》具有如下优点：（1）服务国家大局。紧紧围绕党和国家生态文明建设大局，旨在提升全民生态环境科学素质，深化生态环境科普与科技创新、科学文化的全面深度融合，支撑美丽中国和世界科技强国建设。（2）促进全民参与。以科学知识和技术成果为支撑，唤醒公众环保意识，充分调动全民参与水生态环境保护的积极性、主动性和创造性。（3）创新引领。适应新形势新需求，以创新的科普形态，扩大生态环境科普覆盖面和影响力。

“环境就是民生，青山就是美丽，蓝天也是幸福。”人民群众对美好生活的向往和健康生活、科学生活的追求日益提升，面向美丽中国和世界科技强国建设，人的素质全面提升已成为先决条件，亟须深入推进生态环境科普工作，不断培育和厚植我国生态文化，提高全民生态环境科学素质与行动自觉，从知识普及向价值引领和能力养成过渡，促进人的全面发展，实现从“要我环保”到“我要环保”的转变。

我相信，《水：从源至流的共生之旅》一书的出版，能够促进社会各界广泛参与美丽中国建设，形成政府主导、企业主体、社会组织和公众共同参与的多元共治格局，实现长治久清、人水和谐，对国家进一步加强全民科学素质建设，推动我国水生态环境保护发生重大转折性变化具有积极作用。

中国工程院院士

马军

序二

人类逐水而居，文明因水而兴。治理水污染、保护水环境，关系人民福祉，关系国家未来，关系中华民族永续发展。党的十八大以来，以习近平同志为核心的党中央把水生态环境保护摆在生态文明建设的重要位置，谋划开展了一系列根本性、开创性、长远性工作。《水：从源至流的共生之旅》一书的出版就非常契合当前的时代背景。

本书编写团队来自华中科技大学环境科学与工程学院，是一支政治素质好、专业过硬、科普有道的环境专业教师队伍。近年，华中科技大学环境科学与工程学院在环境科普教育领域创造了诸多成果，作为湖北省科普教育基地之一，立足国家生态文明战略，深入贯彻《关于新时代进一步加强科学技术普及工作的意见》指导精神，紧扣生态中国环保意识、环保行动两条主线，充分发挥专业教师、优秀学生骨干合力，建设专家学者讲师团和科普学讲团两支科普工作团队、三条科普讲解线路，形成了一套成熟的环保科普工作体系。《水：从源至流的共生之旅》聚焦我国水资源利用与保护中涉及的水环境问题、水污染控制难题、废水利用与净化等方面，用大众化科普语言系统介绍水资源、水环境、水生态等内容，将从源至流的水系统串联起来，为读者呈现一幅兼具趣味性和知识性的水环境全貌图，引导读者科学认识关于水的点点滴滴，吸引读者投入美丽中国生态文明建设。

习近平总书记指出：“科技创新、科学普及是实现创新发展的两翼，要把科学普及放在与科技创新同等重要的位置。”积极营造运用科学思维、科学方法、科技成果助力全面推进美丽中国建设的社会氛围，社会各界正在积极行动。因此，我认为《水：从源至流的共生之旅》是一本契合当下社会发展的优秀科普读物，具有非常积极的社会意义。

华中科技大学环境科学与工程学院院长

杨家宽

目录

第一部分

水的足迹

水循环的趣味与意义

一滴水的旅行游记

谢鹏超

“亲爱的同学们，你们好！今天，我要给你们讲一个既神奇又美妙的故事，是关于一滴水从诞生到踏上旅程，再到参与社会循环的完整历程。这滴水就像一名勇敢的探险家，它的经历充满了奇幻与冒险色彩。”

1. 诞生在冰雪世界

在遥远的北方，有一片被冰雪覆盖的大地。那里的温度极低，

万物仿佛都进入了沉睡状态。然而，在这片冰雪世界里，却隐藏着一个小小的奇迹——一颗晶莹剔透的小冰晶。它就是我们故事的主角——一颗即将

踏上奇妙旅程的小水滴——的前身。小冰晶静静地躺在雪地上，感受着周围的寒冷与寂静。随着春天的脚步渐渐临近，阳光开始变得温暖起来。阳光透过云层，洒在小冰晶的身上，给它带来了温暖与希望。

慢慢地，小冰晶开始融化。它的边缘逐渐变得模糊，身体也变得越来越小。这是因为小冰晶里的水分子在阳光的作用下，开始变得活跃起来。水分子挣脱了小冰晶的束缚，变成了自由的水分子。这些水分子聚集在一起，形成了一颗小小的水滴。这颗小水滴就是我们故事的主角，它晶莹剔透，闪烁着光芒，仿佛是一颗珍贵的宝石。随后，小水滴告别了冰雪世界，开始了自己的奇妙旅程。

小贴士

冰的融化是大自然中一种常见的物理现象。当外界温度升高时，冰开始吸收热量，其内部的固态结构逐渐变得不稳定，分子间的联系减弱。当冰吸收的热量足够多，温度达到冰的熔点（0 ℃）时，冰就会变成水。这是因为冰里面的水分子获得了能量，开始变得活跃起来，水滴不再紧紧“抱”在一起，而是可以自由移动。慢慢地，冰就融化成水了。这就是冰的融化过程，很神奇吧！

2. 海陆空的变身之旅

小水滴途经山川河流，汇入广阔的大海中。当阳光照射在海面上时，海洋表面的水开始受热，变成水蒸气升入空中。这个过程，我们称为蒸发。水蒸气慢慢上升，来到了高高的天空中，与冷空气相遇后，重新凝结成了小水滴。小水滴与其他水滴聚集在一起，形成了我们熟悉的云朵。小水滴在云朵里玩耍、嬉戏，但好景不长，随着云朵中的水滴越聚越密，一场大雨即将来临。终于，在一个风和日丽的午后，小水滴与它的朋友们一起，从云端跳了下来，开始了它的地面之旅。

小贴士

在广袤无垠的地球上，海洋是最大的“水库”，占据了地球表面大约71%的面积。蒸发是一种物理现象，是物质从液态变成气态的过程，对于水来说，就是水从液态水变成水蒸气的过程。你们知道为什么水会蒸发吗？这是因为水分子在获得足够的能量后，会变得更加活跃，它们会挣脱液面的束缚，变成水蒸气飘到空中。这就是为什么我们在夏天会感觉到空气很潮湿（因为空气中有很多水蒸气）。你们知道为什么云朵会下雨吗？这是因为随着云朵里的水滴越来越多，水滴会互相碰撞、合并，变得越来越大。当水滴变得足够大时，就会在重力的作用下落向地面，形成雨。

3. 奔腾在辽阔大地

小水滴落在了一片茂密的森林里。它顺着树叶滑落，滴入了湿润的土壤中。在这里，它遇到了许多新朋友，有蚯蚓、蚂蚁，还有其他各种各样的小昆虫。它们告诉小水滴，只有不断前进，才能看到更广阔的世界。于是，小水滴顺着土壤中的缝隙，来到了小溪边。它加入了小溪的行列，与小溪一起翻山越岭，穿越森林和草原。在这个过程中，它遇到了更多的朋友，有的来自雪山之巅，有的来自地下深处。它们一起唱着欢快的歌，向着远方的大海进发。

经过漫长的旅程，小水滴回到无边无际的蓝色海洋中。在这里，

它与其他水滴一起嬉戏、游玩，感受着大海的宽广和深邃。小水滴感到非常幸福和满足，它觉得这就是它的归宿。

4. 途中的小插曲

然而，小水滴也发现了一些不同寻常的事情。它看到了一些被污染的水流汇入大海，这些水流中夹杂着各种垃圾和有害物质。小水滴感到非常难过和担忧，因为它知道这些污染物会对海洋生态造成严重的破坏。

就在这时，小水滴遇到了一位年长的水滴朋友。这位朋友告诉小水滴："这些被污染的水流其实是人类活动产生的污水。它们被直接排放到河流和海洋中，对生态环境造成了很大的威胁。好在人类已经意识到这个问题，他们正在努力采取措施来改善这种状况。"

小水滴好奇地问："直接排放污水到底有哪些危害呢？"

年长的水滴朋友耐心地解释道："直接排放污水会导致水体污染，影响水生生物的生存和繁衍。同时，污染物会通过食物链进入人体，对人类健康造成威胁。此外，污水排放还会破坏生态平衡，影响自然环境的稳定性和可持续发展。"

小水滴听后非常震惊，它决定尽自己的一份力来呼吁人类保护水资源。于是，它开始四处传播自己的旅行故事和所见所闻，希望更多的人能够关注水资源保护问题。

小贴士

将污水直接排放到环境中是非常危险的。污染物会让水变得浑浊、有异味，还会影响水生生物的生存。污染物还会通过食物链进入人体，对人类的健康造成威胁。所以，我们一定要珍惜水资源，不乱扔垃圾，不随意排放污水。为了保护水资源，人们建造了很多污水处理厂。这些污水处理厂就像一个个“魔法屋”，它们可以将污水变成干净的水。经过处理的水可以再次被利用，比如用来浇花、洗车、冲厕所、消防灭火等。这样，水就可以在人类社会中循环利用了。

5. 润物无声的奉献

小水滴的旅行并没有结束。有一天，它随着海浪来到了海岸边。在那里，它看到了人类世界，看到了人们是如何依赖水生活，如何珍惜每一滴水的。小水滴深深地为人们对水的尊重和保护行为所打动，它决定去人类世界，为人们做出自己的贡献。

小水滴借助太阳的热量，再次蒸发成水蒸气，飘回了天空。它遇到了云朵家族的朋友们，并告诉了它们自己的决定。云朵家族的朋友们都非常支持小水滴的决定，它们和小水滴一起组成了一片特别的云朵，向着人类世界飘去。当这片云朵飘到人类世界的上空时，它变

成了一场绵绵细雨。小水滴和它的朋友们纷纷降落到地面，滋润了大地，也滋润了人们的心田。人们纷纷拿出水桶、水盆等工具来接水，他们珍惜每一滴雨水，用它们来浇灌庄稼、清洗衣物……

小水滴感到非常满足和幸福，因为它知道自己正在为人类社会做贡献。它决定以后要继续参与奇妙的循环之旅，为人类的生活带来更多的便利和美好。从此，小水滴成了人类社会不可或缺的一部分。它时而汇入清澈的河水，供人们饮用和灌溉；时而变成甘甜的雨水，滋润着大地和万物；时而化身晶莹的雪花，装点着冬季的世界……无论在哪里，小水滴都发挥着独特的价值。

小贴士

在人类社会中，水也经历着循环过程。人类从自然界中取水，用于饮用、灌溉、工业生产等。这些水在使用过程中会被消耗或污染。但是，通过污水处理和再生利用技术，这些水可以再次回到自然环境中或供人类再次使用。这个过程被称为“水的社会循环”。污水处理是指通过物理、化学和生物方法去除水中的污染物，使水质达到一定的标准。再生利用则是指将处理后的水用作非饮用水，如灌溉农田、工业生产等。这些技术可以大大提高水资源的利用效率，减少水资源的浪费和污染。

6. 周而复始的旅行

小水滴在大海里度过了一段快乐的时光后，也参与到了奇妙的社会循环中。虽然它不再是大海的一部分，但它仍然感到非常幸福和满足，因为它知道自己在为人类社会做贡献。

最后，小水滴被送回了大自然中。它可能再次被用来浇花、洗车、灌溉农田、供给工业生产或者供人们饮用。就这样，小水滴在人类社会中不断地被循环利用，为我们的生活提供着源源不断的支持。

“ 亲爱的同学们，小水滴的旅行故事告诉我们：水是地球上最宝贵的资源之一，它滋养着万物，支持着人类社会的繁荣和发展。因此，我们要珍惜每一滴水，节约

用水，保护水资源。只有这样，我们才能确保地球上的水资源能够永续利用，为我们的未来创造更加美好的生活环境。

希望你们通过这个故事，能够更加深入地了解水循环和水资源的重要性。让我们一起行动起来，为保护地球上的水资源贡献自己的力量吧！”

观水笔记

时间		地点		天气	

问渠那得清如许？为有源头活水来。

第二部分
水的秘密
水资源的秘密和困境

最后一滴水的预警

毛娟

“ 同学们好！你们知道吗？水是地球上最珍贵的资源之一。我们的地球被称为‘蓝色星球’，因为有超过70%的地球表面被水覆盖着。可是，我们每天使用的水是取之不尽、用之不竭的吗？我们中国缺水吗？”

你可能会问：“中国这么大，怎么会缺水？” 事实上，中国

的水资源分布并不均衡，有的地方水多得用不完，而有的地方却非常缺水。水资源分布不均衡的问题不仅影响人们的生活，还会影响环境和经济的发展。

想象一下，如果我们住在一个水资源非常稀缺的地方，会面临什么。我们每天可获取的水会受到限制，洗澡、做饭甚至喝水都变得非常困难，我们的健康和生存也会受到影响。水资源是我们生活中不可或缺的一部分，如果我们不懂得珍惜和合理利用水资源，我们将面临严重的生存危机。现在，让我们一起去探索中国的水资源状况，并了解应该如何保护和合理利用这宝贵的水资源吧！

1. 什么是水资源？

水资源是指可资利用或有可能被利用的水源，水源应有足够

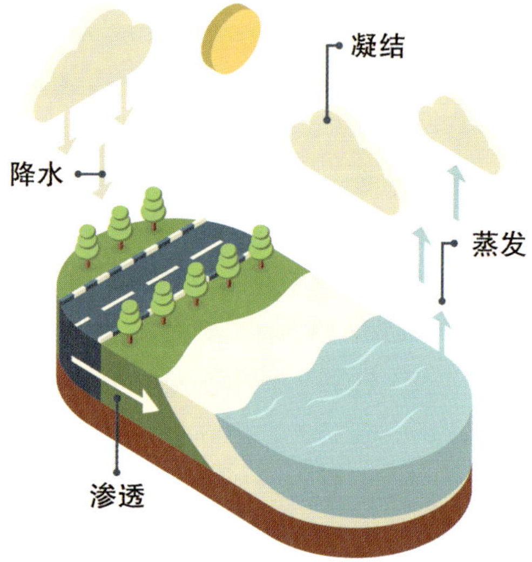

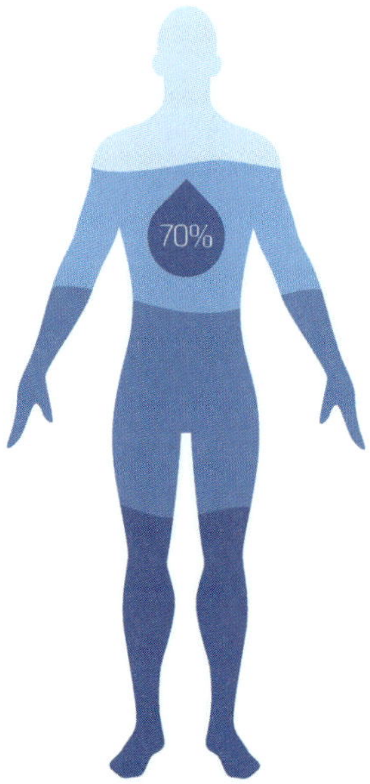

的数量和满意的质量，并满足某一地方在一段时间内具体利用的需求。天然水资源包括河流、湖泊、积雪、冰川、地下水和海水等，每一种水资源都有其独特性和重要性，它们共同构成了地球的水循环系统，维持着生态系统的动态平衡和人类社会的正常运转。

2. 水资源为什么如此重要？

水是生命之源，没有水，人类将无法生存。人的体液是由水、电解质、低分子有机化合物和蛋白质等组成的，广泛分布在细胞内外，构成人体的内环境。水是机体新陈代谢必不可少的物质，细胞必须从体液中摄取营养，新陈代谢的中间产物和最终产物也必须通过体液运送和排出体外。因此，水不仅是人类身体的重要组成部分，更是维持生命所必不可少的物质。

水在经济和社会层面扮演着关键角色。农业灌溉需要大量的水，畜禽养殖离不开水，工业生产也需要水。完善的水资源基础设施可以为农业、工业以及相关商业和服务部门提供可靠的水资源，促进经济繁荣；安全、便利的供水系统和卫生系统有助于提高人们的生活质量和健康水平，促进社会稳定。水资源在经济和社会层面的重要性不言而喻，有效的水资源利用和管理将为经济发展和社会进步带来巨大的推动力。

水资源不仅对我们人类很重要，对大自然中的其他生物也同样重要。河流、湖泊、湿地和海洋是许多生物共同的家园。鱼儿在河流中穿梭，鸟儿在湖畔翱翔，青蛙在湿地里鸣叫，水草在河岸边生长，多种多样的水体为生物提供了水源、食物和栖息地，维持了自然界的生物多样性。如果水资源受到污染或减少，这些生物的家园就会面临威胁，整个生态系统也会受到影响。所以，保护水资源不仅是为了我们自己，也是为了地球上所有的生命。

3. 中国的水资源状况是怎样的？

中国幅员辽阔，地形复杂，从北到南跨越多个气候带，气候类型复杂多样。中国气候总的分布趋势为：北方地区以温带气候为主，夏季短暂而多雨，冬季漫长而干燥；南方地区主要是亚热带和热带气候，四季分明，雨量充沛。这种气候格局下形成的北少南多的降水分布特征，导致了水资源分布的不均衡。

中国是世界上河流最多的国家之一，其中流域面积超过 1 000 平方千米的河流就有 1 500 多条。中国最著名的河流包括长江、黄河、

珠江等。

长江是亚洲第一长河和世界第三大河，也是世界上完全在一国境内的最长河流，全长 6 300 多千米，流域面积 180 多万平方千米，年入海水量近 1 万亿立方米，占全国河流总入海水量的 1/3 以上。长江以其丰富的水资源和悠久的文化历史著称，养育着中国 1/3 的人口。黄河是中国第二长河，全长约 5 500 千米，流域面积 75 万多平方千米。黄河流域中下游地区为中华民族主要的发祥地，是中国历史上的经济与文化重心，与长江一起被誉为中华民族的母亲河。珠江旧称粤江，是中国第四长河，全长 2 000 多千米。著名的珠江三角洲是珠江下游的冲积平原，河海交汇，河网交错，具有南国水乡的独特风貌。

中国湖泊众多，共有湖泊 24 800 多个，其中面积在 1 平方千米以上的天然湖泊就有 2 800 多个。中国湖泊数量虽然很多，但在地区分布上很不均匀。总的来说，东部季风区，特别是长江中下游地区，分布着中国最大的淡水湖群（其中包括鄱阳湖、洞庭湖、太湖等淡水

湖)；西部以青藏高原湖泊较为集中，多为内陆咸水湖(如青海湖等)。这些湖泊是重要的水资源储备地，也为周围的生态环境和生物多样性提供了宝贵的支持。

4. 中国是否缺水？

中国是世界人口大国，这导致中国尽管水资源总量较大，但人均水资源量相对较小。中国人均淡水资源量大约只有 2 000 立方米，不足世界平均水平的 1/3。中国水资源分布与经济发展格局很不匹配，北方地区以占全国 19%的水资源量，支撑 64%的国土面积、60%的耕地和 46%的人口。中国年平均缺水量约 500 亿立方米，京、津、冀三地及山西、河南、山东几个缺水地区连成一片，人均水资源量均远低于 500 立方米的极度缺水红线，不足世界平均水平的 7%。水资源供给与高质量需求不适配，这一现状导致中国在水资源的分配和利用上面临巨大挑战。

小贴士

国际上通常将人均水资源量低于 1 000 立方米定义为水资源短缺，而低于 500 立方米则被视为极度缺水。根据这一标准，中国虽然总体上未到极度缺水的程度，但在一些地区，特别是北方地区和西部地区，人均水资源量远低于国际警戒线，这些地区的水资源短缺状况比较严重。

5. 水资源都被用在哪里了？

中国大部分省份的主要用水类型为农业用水，部分省份的农业用水量可以占到总用水量的 70% ~ 90%。2023 年，中国部分省份的农业用水量占比为：黑龙江 89.79%、新疆 88.99%、西藏 85.71%、宁夏 81.79%、甘肃 78.93%、内蒙古 75.95%。对于地处沙漠边缘的宁夏平原及内蒙古河套平原的省份来说，农业灌溉还具有生态功能，是维系当地生态环境的重要措施，例如新疆、内蒙古、甘肃等地，气候干旱少雨，需要大量引水灌溉。

由于良田广布、工业发达，江苏不仅农业用水量（2023 年为 240 亿立方米）很大，工业用水量（2023 年为 251.9 亿立方米）也远超其他省份，因此总用水量（2023 年为 571.4 亿立方米）高居全国前列。此外，2023 年工业用水量较大的省份有湖北（70.0 亿立方米）、安徽（79.9 亿立方米）、广东（73.6 亿立方米）等。

2023 年，地处华北平原的山东（223.4 亿立方米）、山西（69.7 亿立方米）、河北（186.5 亿立方米）和河南（208.8 亿立方米）的用水量为 688.4 亿立方米，仅占全国总用水量（5 906.5 亿

立方米）的 11.65%。沃野千里的华北平原是中国重要的农业区，同时是中国人口最密集的地区之一。一方面，为了粮食安全，当地农业生产必须得到保障；另一方面，华北地区人口众多，经济发展压力很大。在两方面的压力下，华北地区缺水问题极其突出。

6. 水资源是怎么被污染的？

水资源主要受工业废水排放、农业面源污染、生活污水排放和一些区域的自然因素影响。工业发展迅速的地区，尤其是重工业区，面临着工业废水中重金属等有害化学物质超标排放的问题，这些污染物严重威胁着水体生态和人类健康。在农业方面，过度使用化肥和农药导致地下水和地表水富营养化，引发水体中藻类过度繁殖，破坏水生态系统。城市快速扩张带来的生活污水排放，也有可能造成严重的水污染。

7. 最后一滴水的预警和思考

人类逐水而居，文明因水而兴。保护水资源、治理水污染、改善水环境，关系着人类福祉和地球未来。水资源对人类如此重要，而水资源分布又如此不均，如果我们不好好保护和利用珍贵的水资源，地球会不会面临灭亡的危机？我们应该为此做些什么呢？

观水笔记

时间		地点		天气	

水能载舟，亦能覆舟。

奇妙的水下森林

郭刚

“在神秘的蔚蓝世界里，隐藏着一片片不为人知的‘水下森林’，它们是大自然中最神奇的秘密花园之一，充满了无尽的奇观与生机。今天，就让我们一起潜入这片奇妙的水下森林，探索那些隐藏在波光粼粼的水面之下的秘密吧！”

1. 探索启程：揭开水下森林的奥秘

当你轻轻一跃，穿透空气与水之间那层薄薄的交界面，眼前会豁然开朗，五彩斑斓的水下世界就展现在眼前。这里，就是传说中的“水下森林”——一个由水生生物与水环境共同编织的梦幻之地。

水生态系统就像一座巨大的水下乐园，里面住着各种各样的水生生物，它们与水环境紧密相连，共同编织着一张复杂而又精妙的生命网络。水生态系统就像陆地上的森林一样，拥有茂密的植被、丰富的生物种类，以及一套独特的物质循环和能量流动机制，维持着整个系统的平衡与稳定。

水下森林并非仅限于淡水环境，从清澈见底的湖泊、池塘，到波澜壮阔的海洋深处，都可能分布着水下森林。淡水生态系统中的水下森林，如荷塘、沼泽中的芦苇丛，是许多小动物的乐园；海洋生态系统中的珊瑚礁是地球上最古老、最多样化的水下森林之一，它们色彩斑斓，形态各异，是无数海洋生物的家园。

小贴士

按照现代生物学概念，一个池塘、一个湖泊、一座水库、一条河流就是一个水生态系统，均由生物群落与非生物环境两部分组成。生物群落依其生态功能分为生产者、消费者和分解者。它们各司其职，通过物质循环和能量流动，维持着整个系统的平衡与和谐。

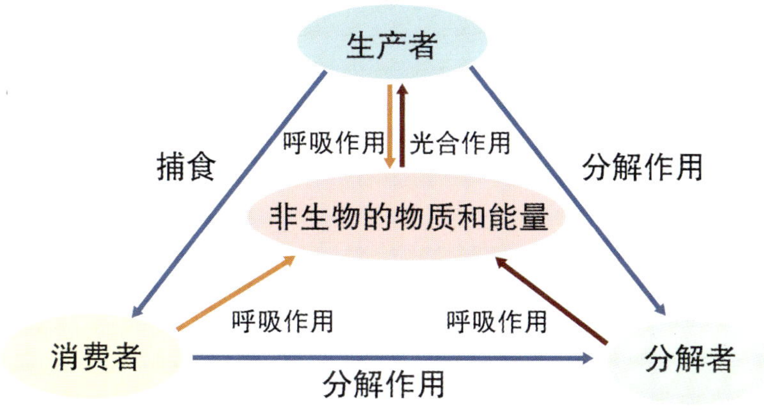

2. 走进森林：认识水下的“居民”

在这片奇妙的水下森林里，居住着各式各样的“居民”，它们各自扮演着不同的角色，共同维护着这片森林的和谐与繁荣。

走进这片水下森林，首先映入眼帘的是生产者，它们是水下森林的基石，主要是浮游植物和水生高等植物。这些绿色的小精灵通过光合作用，将阳光、水和二氧化碳转化为有机物，不仅为自己提供了生长所需的能量，还为整个生态系统提供了食物来源。在水下森林中，你可以看到翠绿的藻类铺满湖底，宛如一片绿色的地毯；而高大的水生植物，如荷花、芦苇等，则像一座座矗立的灯塔，为各种生物指引着方向。

紧接着，我们来到了消费者的领地。这些消费者一般以生产者为食，但也有更高级的消费者以其他消费者为食，从而形成了一条条错综复杂的食物链。在这里，浮游动物如原生动物、轮虫等，在水中轻盈地游移着，捕食着浮游植物；游泳生物如鱼类、两栖类和游泳昆虫等，则更加灵活自如地穿梭于水草之间，寻找着它们的猎物；底栖生物如环节动物、节肢动物等，则生活在沉积物中，依靠敏锐的感知能力捕捉食物。

环顾四周，我们会发现一些不起眼的小角色，它们是分解者——一个健康的生态系统离不开的部分。在水下森林中，细菌和真菌等微生物扮演着“清理工”的角色。它们将死亡的生物体和有机废弃物分解为无机物，释放出养分供生产者重新利用。这些看似微不足道的生物，实则是维持水下森林生态平衡的重要力量。

小贴士

水生态系统中的水生生物，依其生存环境和生活方式，可分为5个生态类群：①浮游生物。借助水的浮力浮游生活，包括浮游植物和浮游动物两大类，前者如硅藻、绿藻和蓝细菌等，后者有原生动物、轮虫、枝角类、桡足类等。②游泳生物。能够在水体中自由活动的生物，如鱼类、两栖类、游泳昆虫等。③底栖生物。生长或生活在水底沉积物中，包括底栖植物和底栖动物，前者有水生高等植物和着生藻类，后者有环节动物、节肢动物、软体动物等。④周丛生物。生长在水中各种基质（石头、木桩、沉水植物等）表面的生物群，如着生藻类。⑤漂浮生物。生活在水面上下几厘米内的生物，如浮萍、凤眼莲和水生昆虫。水中微生物包括细菌、真菌、病毒和放线菌等，分属上列不同的生态类群。水中微生物数量多、分布广、繁殖快，在水生态系统的物质循环中起重要作用。各种生物在水中的分布特点是长期适应和自然选择的结果。

3. 探秘之旅：水下森林的神奇功能

看着眼前生机勃勃的水下森林，恍惚间，你见到了一个蔚蓝色的身影。看着她，你有万千思绪，并问了一个问题：

“这些形形色色的生物和这壮阔的森林有什么秘密呢？”

她微笑，轻声道：“你看水草，它是一座‘食物工厂’。水体里的水草和其他生产者利用阳光制造出食物，就像我们种庄稼一样，给小鱼小虾这些消费者提供吃的。”

她转了个方向，手指点了点水里的星光：“这里还有些‘清洁工’。它们是水里的微生物，会吃掉一些对水体不好的东西，比如污染物，并将其变成对大家有益的东西。这样，河流、海洋等水体就能一直保持干净、清澈，让我们的生活环境更加美好。”

小贴士

水下森林是一个高效的物质循环和能量流动系统。生产者通过光合作用生产有机物，不仅为自身提供能量来源，还通

过食物链将有机物传递给各级消费者。当消费者死亡后，它们的遗体会被分解者分解为无机物，再次被生产者利用。这种循环往复的过程，保证了整个生态系统的持续运转和稳定发展。水下森林还具有强大的净化水质和维护生态平衡的功能。水生植物能够吸收水中过量的营养物质和重金属离子等有害物质，减轻水体富营养化和污染程度。同时，水生植物还能够为其他水生生物提供栖息地和避难所，增加水下森林的生物多样性和生态稳定性。当外界环境发生变化时，水下森林能够通过自我调节和反馈机制维持系统的相对稳定与发展。

4. 保护行动：守护我们的水下森林

她顿了顿，缓步走来："你知道吗？现在很多地方的水都不像这里这么干净了。人们乱扔垃圾、排放污水，让水生态系统受到了伤害。"

你好奇道："那我们能做些什么呢？"

她温柔一笑："首先，要特别珍惜和保护这样的环境。我们可以从小事做起，比如不乱丢垃圾到水里、节约用水，还可以告诉其他人要爱护水环境。"

你说："嗯！我明白了！以后我不仅自己不乱丢垃圾，还要劝导小伙伴们爱护水环境。我们大家一起保护这些可爱的小生物和它们的水生态系统！"

小贴士

随着人类活动的不断增多和水污染的日益严重，许多水下森林面临着前所未有的威胁和挑战。为了保护这些宝贵的生态资源，我们需要采取一系列有效的措施。首先，我们要加强水质管理工作，严格控制工业废水、生活污水等污染源的排放标准和排放量，并加强水质监测和评估工作，及时发现和解决水质问题。其次，我们要及时阻止水污染现象的发生和蔓延，通过推广环保理念和技术手段减少污染物的产生和排放，加强污染源的监管和治理，加大环境执法和惩处力度等措施来保障水环境的安全。再次，我们需要合理开发和利用水生生物资源与水资源。在保护生态环境的前提下适度开发和利用，加强水生生物资源的保护和恢复工作，在渔业、旅游业等领域推广绿色发展和可持续发展等理念。

“ 奇妙的水下森林是一个充满生命力和奥秘的世界。在这里，每一个生命体都扮演着不可或缺的角色；在这里，物质循环和能量流动构成了一个完美的生态系统；在这里，人类与自然和谐共生的梦想得以实现。让我们共同珍惜宝贵的水下森林吧！让我们用实际行动去爱护它，让它永远充满生机与活力！”

观水笔记

时间		地点		天气	

水能载舟，亦能覆舟。

水中微生物王国

苗蕾

“ 嗨，亲爱的同学们！欢迎来到隐藏在我们身边却鲜为人知的神秘世界——水中微生物王国。今天，就让我这个微生物王国的导游，带领大家走进这个奇妙的世界，揭开它神秘的面纱吧！”

1. 初识微生物

水是地球上最宝贵的资源之一，在广阔的水域中，生活着数以亿计的微生物，它们微小到肉眼难以察觉，呈现出千变万化的形态，共同构建了一个充满奥秘的微生物世界。它们就是今天故事的主人公——水中微生物。微生物是一些非常小的生物，是难

以用肉眼直接看到的，它们隐藏在我们周围，在许多地方都可以找到。微生物的身体结构十分简单，种类也非常多。更神奇的是，它们的繁殖速度特别快，还会发生变异，就像魔术师一样，可以迅速变出很多不同的自己。

不仅如此，很多微生物还拥有一种特殊的能力，那就是将有机物分解成无机物，从而帮助我们处理污水。微生物会通过各种代谢途径，合成特定的酶，将有机污染物变成二氧化碳和水等物质。有些微生物还可以吸附在污染物表面，用自己的身体将污染物“吸走”，将水里的污染物和有毒的物质“消灭”掉，水就变得更干净了，这便是“生物处理法”。

小贴士

水中的微生物主要分为两类——细胞生物和非细胞生物（也就是病毒），而细胞生物又分为原核生物和真核生物两种。水中的原核生物包括细菌、放线菌、蓝细菌、古菌、支原体、立克次氏体、衣原体等，水中的真核生物包括藻类、真菌、原生动物和微型后生动物等。

2. 一号“国王”原核生物

在微生物王国之中，有三位显赫的“国王”，分别是原核生物、真核生物和病毒。在一号“国王”原核生物的盛情邀请下，我们开始了一场奇妙且有趣的探险之旅。

在一号王国入口处，我们遇到了正在站岗的两位朋友——细菌和放线菌。

细菌热情地做了自我介绍：“我的结构十分简单。我没有人类那样复杂的细胞核，只有一个坚固的细胞壁外壳，里面包裹着原生质体。在原生质体中藏着我的细胞膜、细胞质、核质和内含物。说到我的形态，那可真是各种各样，有球状的、杆状的、螺旋状的(弧菌及螺旋菌)、丝状的……"

"可别听它胡说，这可是个坏家伙！"一旁的放线菌打断细菌的话说道，"它就是会让你们生病的那个坏蛋。"

细菌气愤地反驳道："我并不是只会给人类造成伤害！其实，在生态系统中，我和我的伙伴们扮演着非常重要的角色。我们会通过分解有机物来释放营养元素，为其他生物提供养分。比如，我们可以帮助人类将食物残渣变成肥料，让土壤变得更肥沃，还可以净化水体，是分解污水中有机污染物的主力军。"

我们连忙好奇地追问："你们是怎么帮助人类净化污水的呢？"

只见细菌脸上逐渐褪去气愤之色，紧接着略带自豪地答道："我们特别喜欢'吃'污水中的脏东西——有机污染物，比如各种有机酸。我们会通过自身的代谢，将这些被我们'吃掉'的东西变成水和二氧化碳等物质。此外，我们中有一些伙伴能够发挥特殊的作用，比如硝化细菌能够将氨氮和亚硝酸盐氧化为硝酸盐，从而将它们从水中去除；丝状细菌能提升活性污泥的呼吸性能和分解性能，提高污泥中其他微生物群体的代谢效率，继而提高污水处理效率。"

小贴士

因为细菌个头实在是太小了，我们用眼睛无法直接观察到它们，所以想要观察它们的形状，必须依靠显微镜。显微镜可以将细菌放大 1 000 倍甚至更多倍。但是，细菌本身是无色半透明的，所以即使被放大了，还是比较模糊，不容易看清楚。为了能更清楚地观察细菌，科学家发明了很多种细菌染色方法，使细菌的轮廓在显微镜下更加清晰。其中，最常用也最重要的细菌染色方法是革兰氏染色法。

“原来你们也在默默地保护环境，是我没有全面地认识你们。”放线菌挠挠头，惭愧地低声说道。

我们回头看着细细长长呈菌丝状的放线菌，轻声安慰道：“你们对人类健康的贡献也很突出呢！至今报道过的近万种抗生素中大约 70% 是放线菌产生的，绝大多数放线菌属于有益菌呢！不仅如此，你们也和细菌一样，可以帮助我们处理污染物，还与其他微生物协同作用，增强污水处理系统的整体处理效果，去除氨氮等污染物。”

正当我们聚精会神地交谈时，水面忽然泛起一片红晕，我们不由自主地惊叹出声：“这是发生了什么？”

对面传来了一位年迈老者的声音："孩子们，这是蓝藻过度生长引发的'赤潮'。蓝藻是一种单细胞原核生物，它没有鞭毛，也没有叶绿体，但是含有叶绿素 a，所以可以像植物一样进行光合作用，产生氧气。当水体中氮、磷过多时，蓝藻就会疯狂生长，从而引发海水的'赤潮'和湖泊的'水华'。事实上，蓝藻并不是真正的藻类，它的正式名称是蓝细菌。"

小贴士

鞭毛是长在细菌菌体上细长而弯曲的，具有运动功能的蛋白质附属丝状物，叶绿体则是可以进行光合作用的细胞器。蓝细菌分布极其广泛，在淡水、海水和土壤中均可生长，甚至在温泉、盐湖、贫瘠土壤、岩石表面、风化壳等极端环境中也有它们的身影，所以蓝细菌有"先锋生物"的美称。但蓝细菌过度生长会给渔业和养殖业带来很大的麻烦，所以我们要保护好环境，不能让蓝细菌过度生长。

回答我们的是古菌老先生，它也被称为古细菌、古生菌或太古生物，是地球上最古老的生命体之一。古菌是一种单细胞微生物，与细菌有许多相似之处，比如没有细胞核，也没有其他膜结合细胞器。古菌的个头通常很小，体长一般小于 1 微米，在电子显微镜下

形态各异，有的像细菌那样呈球状、杆状，也有的呈耳垂状、盘状、螺旋状、叶状，还有的呈三角形、方形、不规则形。

古菌可分为产甲烷菌、嗜热嗜酸菌、极端嗜盐菌等几大类。它们大多数生活在一些特别的地方，比如大洋底部的高压热液喷口、热泉、盐碱湖等让人觉得难以生存的环境。但也有一些古菌喜欢生活在舒适的环境中，比如牛羊或者白蚁的肚子里，甚至我们人类的肚子里也有它们的身影，这类古菌主要是产甲烷菌。

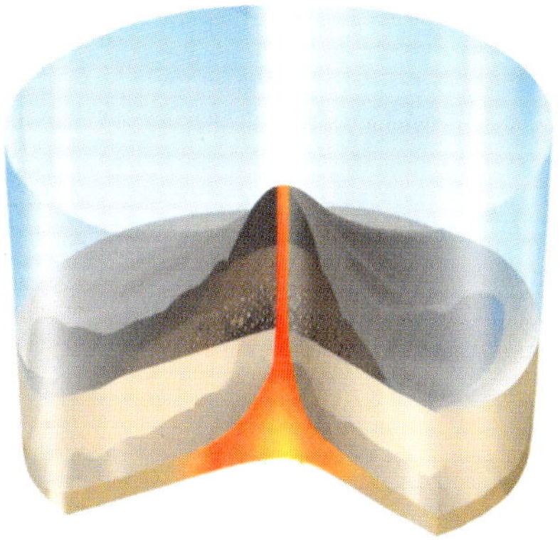

正因为古菌可以在多种难以生存的环境中生活，所以在处理特定类型的污水时，它们有着独特的优势。比如在含有高浓度有机物的污水中，古菌可以将复杂的有机物转化为简单的无机物，实现对污水的有效净化。古菌中的产甲烷菌能将有机物分解所产生的有机酸进一步变为甲烷和氢等有价值的生物气体，同时减少污水中的有害物质，可谓一举两得。此外，古菌还能和细菌、真菌等微生物合作，组成一个“大家庭”，通过物质交换和能量传递，一起提高污水处理效率。

在参观完一号王国后，“国王”派遣三个别致的“小卫兵”护送我们返程，它们是支原体、立克次氏体和衣原体这三个小家伙，它们是介于细菌和病毒之间的一类原核生物。这些小家伙有一些特别之处，那就是不太擅长独立生活，所以它们会到其他生物家里“蹭饭”，依靠别人来养活自己。从支原体到立克次氏体，再到衣原体，它们“蹭饭”的本领一个比一个强，全都得靠寄生在其他生物的细胞里才能生活。

小贴士

古菌的进化历史非常有趣，它们在早期真核生物进化中的作用也是一个研究热点。同学们，你们知道吗？有些古菌可能是地球上最早出现的生命体之一。科学家猜测，古菌最早可能和蛋白质细菌一起生活，互帮互助，然后进化成了线粒体，形成了早期的真核细胞，对后来的真核生物进化起到了非常重要的作用。所以，关于古菌是不是原核生物的问题还存在争议。不过，经过了许多研究后，科学家发现古菌在遗传、身体的工作方式（生理生化特性）等方面，确实和原核生物有明显的不同。因此，许多科学家支持一种说法——三域学说。该学说认为地球上的生物可以分为三大类：细菌域、古菌域和真核生物域。

3. 二号“国王”真核生物

在领略了原核生物世界的精彩后，我们心中满怀着激动与好奇，迫不及待地启程，迈向了下一个目的地——真核生物生活的二号王国，期待着一场妙趣横生的旅程。

在二号王国，我们了解到，真核生物就像一个个精致的小宇宙，它们的核心——细胞核，被一层叫作核膜的薄膜包裹着。细胞核就像一个小房子，由核膜保护着里面的重要信息。真核生物的细胞进行着一种叫作有丝分裂的神奇过程，它们不断复制、生长。更神奇的是，真核生物的细胞质中藏着各种各样的细胞器，就像我们身体里的器官一样，每个细胞器都有自己独特的功能。比如，线粒体是细胞中的“发电厂”，为生物体提供能量；叶绿体是细胞中的“绿色工厂”，能够利用阳光进行光合作用，生产出生物体所需要的氧气。我们周围环境中的许多微生物，比如真菌、显微藻类、原生动物和微型后生动物，皆是真核世界的“子民”，被赋予了“真核微生物”的身份证明。

相比“简陋小屋”原核细胞，真核细胞就像“大别墅”。真核细胞不仅空间更大，内部结构也更复杂，每个“房间”（细胞器，比如内质网、高尔基体、溶酶体、微体、线粒体、叶绿体等）都有自己特定的功能。这些“房间”大多由膜包裹着，每个“房间”都各司其职，让细胞运行井然有序。此外，真核细胞还有一个非常重要的特点，那就是真核细胞有一个超级“安全屋”——由核膜包裹的完整细胞核，里面藏着生命的秘密——染色体。染色体就像精致的珠宝盒，里面装着双链 DNA 和组蛋白等珍贵“宝石”，这些“宝石”结合在一起，能更好地执行遗传功能，让生命得以延续和传承。

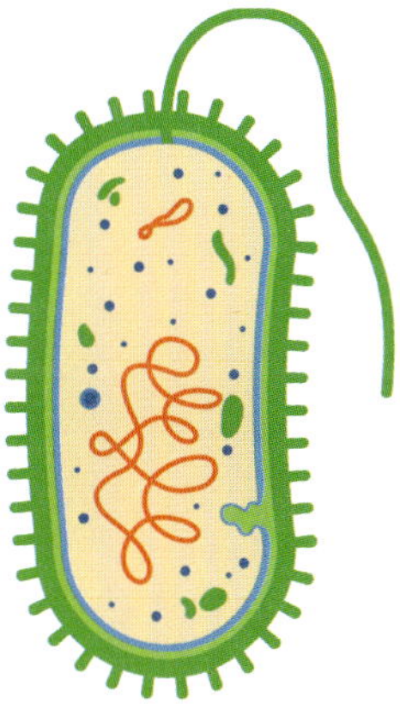

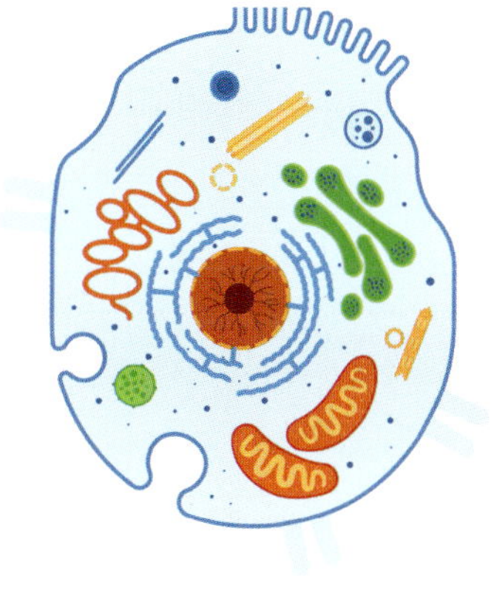

置身于二号王国宏伟的大厅之中，我们饶有兴趣地浏览着墙上那一幅幅生动的照片。“国王”面带喜悦地向我们介绍它的杰出“子民”。

首先是真核生物中璀璨的明星——真菌，它们拥有真核生物细胞结构和产孢能力，细胞壁主要由几丁质或纤维素构成，就如勇士的“盔甲”一般。但是真菌没有叶绿体这个“阳光转换器”，所以不能像植物那样通过光合作用制造能量，而是需要通过分解外界的有机物来获取所需的营养。在繁殖方面，真菌不仅可以通过无性繁殖迅速扩张，还能通过有性繁殖产生孢子，所以真菌的繁殖速度很快，“家族”也相当庞大，包括我们熟悉的霉菌、酵母菌、蕈菌以及那些美味的菌菇类真菌。

在生态系统中，真菌是不可或缺的“清洁工”。它们能够分解死亡的有机体，帮助物质循环顺利进行，让大自然保持清洁和活力，对生态系统的健康和稳定产生着深远的影响。

小贴士

当然，真菌在污水生物处理方面也发挥着独特的作用，可谓维持生态系统平衡的大功臣。首先，真菌具有一种特别的能力，那就是降解那些难以用常规方法处理的有机物，比如油类和染料等。真菌通过分泌酶类物质，将这些难缠的有机物分解成小小的分子，这样处理起来就方便多了。这一过程去除了污水中的有机物，减轻了污染，使得我们的水环境变得更加安全了。其次，真菌中的多酚类化合物能够加速污水中的氧化还原反应，使污水处理反应器的效率得到提高，有利于保障水生态系统的稳定性。真菌的参与让我们能够更有效地处理污水，保持水资源的清洁和可持续利用。

当我们的目光落在一幅绿水图上时，耳畔传来了一阵解说声：“这是我们藻类家族的大合照。我们是一类拥有光合色素的低等植物，可以独立生活并自给自足。别看我们的细胞分化不像高等植物那么复杂，我们的种类可有近 3 万种呢，其中约 10% 的种类喜欢生活在陆地上，其他多数种类生活在水中。我们这个‘大家族’有许多的‘门派’，比如蓝藻门、绿藻门、红藻门、褐藻门等。我们的形态也多种多样，有球状的、链状的、丝状的，还有其他一些形状。不过，我们的体型都非常微小，你们要想一睹我们的真容，需要借助显微镜才可以呢。”一株绿藻缓步上前，向我们详细地讲解道。

我们全神贯注地倾听着，不时连连点头。绿藻似乎颇为满意，继续娓娓道来：“在水生态系统中，我们是初级的生产者，通过光合作用产生氧气和有机物，为其他水生生物提供食物和能量，在营养物质的循环中起到了关键作用，确保了水生态系统中关键元素的流通，维持了生态平衡。此外，在污水生物处理方面，我们会和细菌在稳定塘中相互协作，我们在光合作用中产生的氧气能够帮助细菌将水里的有机污染物分解掉。”

“这就是菌藻共生系统吧！”我们豁然开朗，感叹道。在这

片充满绿意的河塘中，我们见证了共生的哲学与生命的智慧。

挂在边缘的是一张原生动物和微型后生动物手拉手的合照。照片中的它们体型十分微小，长度只有100~300微米，但别看它们个头小，它们的身体里可都有一个细胞核，有的种类也可能有两个或两个以上的细胞核。虽然原生动物在形态上只有一个细胞，但它们在生理上却是完整的个体，像其他多细胞动物一样拥有营养、呼吸、排泄、生殖等功能，可谓“麻雀虽小，五脏俱全”。与原生动物不同，微型后生动物是多细胞动物的代表，由多个细胞组成。水中常见的微型后生动物主要有多细胞的无脊椎动物，比如轮虫、甲壳类动物、昆虫及其幼虫等，它们皆为“家族”的重要成员。

原生动物和微型后生动物在污水处理中也功不可没。原生动物会通过渗透作用，将污水中的溶解性有机物、游离细菌和其他微小的生物吸收进自己的身体里，对净化水质起着积极作用。它们还能分泌出一些黏液物质，促使细菌更快地聚集在一起，从而让污泥更快地沉淀。微型后生动物则会吞食细菌、小的原生动物

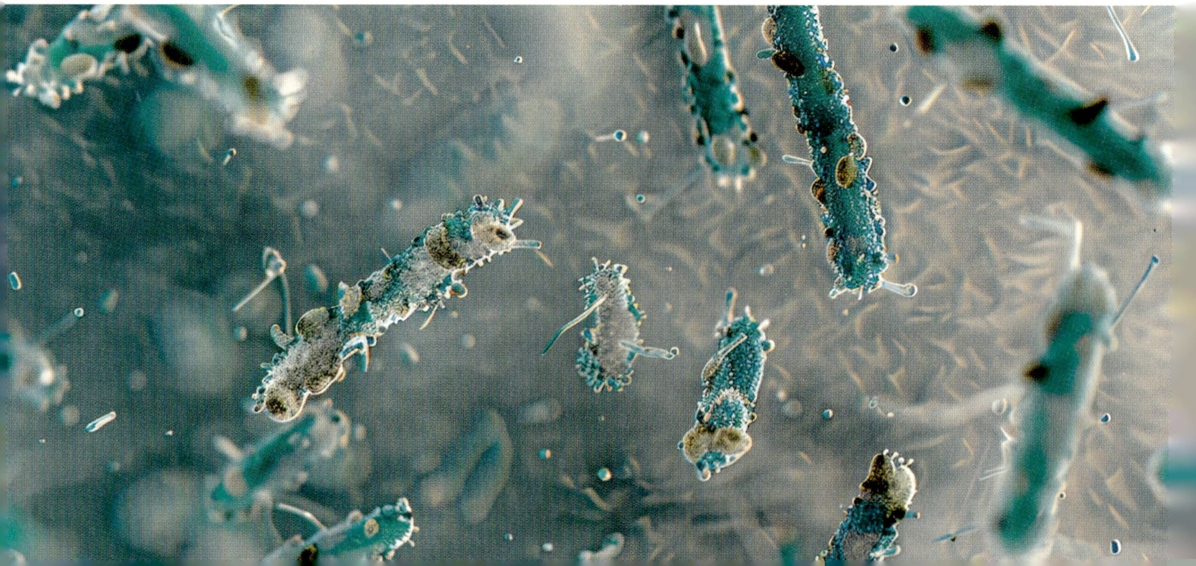

和有机颗粒，帮助清除水中的污染物，守护水世界的纯净与安宁。

小贴士

原生动物和微型后生动物的种类、形态变化和活动规律能够反映水质的变化、活性污泥的培养成熟度，我们可以据此判断污水净化过程中可能出现的各种状况。但如果原生动物和微型后生动物大量繁殖，就会影响滤池的正常运行。所以，在污水生物处理中，千万别忘了精心管理这些小家伙哦。

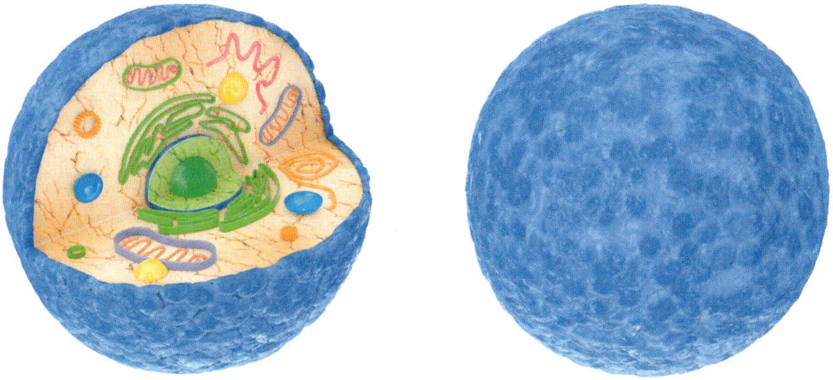

4. 三号“国王”病毒

时光匆匆，我们已悄然抵达水下微生物王国的最后一站。在探索了细胞生物的奥秘之后，我们来到了静待探访的专属于非细胞生物——病毒的三号王国。

与先前邂逅的微生物大相径庭，病毒属于非细胞生物，它们没有细胞结构，只由一种特殊的物质（核酸）和一个保护它的外壳（蛋白质）组成。病毒个体十分微小，小到我们用普通的光学显微镜都无法观察到。它们没有自主的生命活动能力，只能寄生于其他生物体内。

步入三号王国的“殿堂”，我们不禁被病毒独特的生态角色所吸引。病毒虽然不直接参与污水的物理或化学处理，但会通过影响微生物群落的结构和功能，对污水处理过程产生影响，如同自然界的隐形调控者。特别是一种被称为噬菌体的病毒，这种病毒像小小的“特工”，悄无声息地进入关键细菌群的内部，执行自己的“秘密任务”，选择性地杀死某些细菌，以此改变微生物群落的组成，影响污水处理的效果。

更令人惊奇的是，病毒还扮演着微生物群落代谢与生长的“幕后推手”这个角色。它们能够复制并利用宿主细菌的代谢基因，间接引导宿主的代谢路径，让宿主按照它们的想法去生活，以此

影响整个微生物群落的代谢活动。此外，病毒还能通过影响微生物的死亡和分解过程，释放有机物，进一步影响污水处理过程。值得一提的是，病毒在污水处理中还有环保的“功劳”，它们会抑制一些有害微生物的生长，减少有害微生物对环境的污染，让我们的世界变得更加美好。

“听完这些故事，同学们是不是也觉得微生物的世界多姿多彩？这些小家伙虽然‘不起眼’，但是在我们日常的污水生物处理中作用极大。微生物用自己独特的方式，为我们创造了一个更美好的环境。亲爱的同学们，希望你们在了解这些知识之后，能够积极参与环境保护，共同呵护水环境，共建美丽中国。让我们一起加油！”

观水笔记

时间		地点		天气	

水能载舟，亦能覆舟。

哭泣的江河湖海

姜薇

“亲爱的同学们，在我们生活的这个美丽的蓝色星球上，每一条蜿蜒的河流、每一个静谧的湖泊、每一片浩瀚的海洋都孕育着无尽的生灵，它们的身体里聚集着无数的水滴小精灵，是人类生存所依赖的最宝贵的资源之一。可是有一些我们不易察觉的‘敌人’正潜伏在江河湖海的身体里，慢慢聚集，威胁着曾经健康的水滴小精灵，使它们原本清亮透明的身体变得污浊不堪，它们原本可爱的面庞也在毒素的作用下逐渐变得扭曲。水滴小精灵饱受折磨，默默哭泣，而这些‘敌人’就是水中污染物！

让我们一起到‘水滴医院’去揭开这些‘敌人’的面纱吧。”

一踏进“水滴医院”，首先映入眼帘的就是四块疾病区域：有机污染疾病科、无机污染疾病科、生物污染疾病科、新污染疾病科。

1. 有机污染疾病科

在这个科室就诊的小水滴有着各种各样的问题。有些小水滴身上披着人类不小心泼洒的油形成的油膜，油膜不仅让小水滴呼吸困难，还影响了水下植物的光合作用，整个水下世界都因为它们的“油腻”而黯然失色。有些小水滴身上裹满了泡泡，这都是表面活性剂这家伙搞的鬼，它不仅让水体变得浑浊，还影响水生生物的呼吸和生存。“泡泡虽好玩，但请别让我们的家变成泡泡浴缸！”小水滴们常常这样哀求。还有一些小水滴因为工业废水和酸雨的影响，体内酸碱失衡，它们坐立难安，显得十分焦躁。“请大家保护我们娇嫩的身体！别让我们的世界变成酸性或者碱性的环境，我们喜欢中性的环境！”小水滴们纷纷呼吁着。

在诊室重症区，一些被毒素折磨得满身疮痍的小水滴在痛苦地呻吟。有的小水滴身上、脸上涂满了酚类；有的小水滴身上散发着刺鼻的农药气味，让人窒息；还有一些小水滴身上散发着浓烈的芳香，这是它们体内的苯类化合物散发出的芳香气味，但苯类化合物是致癌物。“我们不想成为农药的猎物，更不想闻起来香喷喷的，我们原本就是无色无味的，请让我们的家园保持纯净吧！”小水滴们恳求道。

小贴士

苯属于芳香烃类，会散发出芳香气味，它的可怕之处在于让你失去警觉的同时悄悄地中毒。慢性苯中毒患者的皮肤、眼睛和上呼吸道会受到刺激，如果经常接触苯，皮肤可因脱脂而变得干燥、脱屑，有些患者还会出现过敏性湿疹。长期吸入苯可能导致再生障碍性贫血，若造血功能完全被破坏，可出现致命的粒细胞缺乏症，并引起白血病。世界卫生组织已将苯定为1类致癌物。

2. 无机污染疾病科

在无机污染疾病科就诊的小水滴们身上花花绿绿的，它们经历了一场由植物营养素过剩引发的生态灾难。“哎呀，这些植物营养素怎么这么多！”一个小水滴嘟囔着。硝酸盐、亚硝酸盐、铵盐和磷酸盐，这些本该滋养植物的养料却在小水滴体内积累，让藻类繁殖旺盛，导致小水滴失去了原本的光泽，变得浑浊不堪。水华、赤潮、绿潮，这些听起来美丽的名字，却是小水滴的噩梦。

“看看这些藻类，它们把我们的家变成了绿色的油漆桶！”一个小水滴抱怨道。水华让水体变得浑浊，赤潮让海水变得血红，绿潮则让海水表面仿佛覆盖了一层绿色的地毯。这些藻类的大量繁殖不仅影响了水生生物的呼吸和生存，还可能释放出有毒物质，威胁到小水滴的健康。

无机污染疾病科还有一些受到重金属污染的小水滴，它们不再像往日一样晶莹剔透、充满活力，它们被人类工厂排放的污水中的重金属所污染，变得浑浊不堪。“看看这些重金属，它们让我们变得像毒药一样！”一个小水滴无奈地说。这些重金属“杀手”不仅毒性大，还特别难以摆脱。“我们可不想成为重金属的载体，我们想保持清澈和纯净！”一个小水滴愤恨地呼喊着。

小贴士

水体中的重金属由于富集作用，对水体环境造成极大且长期的污染。汞是重金属中毒性最大的元素之一，它可以通过食物链等途径富集在人体内，严重损害肾脏和神经系统。日本著名的公害水俣病就是食用被甲基汞污染的鱼引起的。水体中的铅易引起婴幼儿多动症和生长迟缓，导致婴幼儿出现神经系统紊乱、智力障碍等问题。长期饮用含高浓度镉离子的水，会导致镉离子渐渐沉积在人体骨骼中，阻碍人体对钙的吸收，引起骨质疏松、骨骼损伤（如骨折）等问题。

3. 生物污染疾病科

当我们来到生物污染疾病科时，这里的小水滴们正经历着一场生态大混战。我们先是遇到了一个被细菌侵扰的小水滴。它告诉我们，它和它的伙伴们刚遇到了一群不请自来的细菌。这些细菌来自人类的生活污水、医疗污水、工业废水，并且毫不留情地侵入小水滴。“哎呀，这些叫作细菌的家伙真是无处不在！它们不仅破坏生态平衡，还可能引发各种疾病，让我们小水滴天天提心吊胆！”小水滴愤怒地说，“还有一些‘病毒大军’，它们和细菌一样，通过污水和废弃物潜入我们的身体，又不易察觉！细菌和病毒不仅让我们小水滴生病，还通过我们感染人类、危害人类，简直就是我们和人类的隐形敌人！”

在这个科室，我们还遇到了携带寄生虫的小水滴。寄生虫潜伏在排泄物和有机肥料中，悄悄侵入小水滴的身体，进而导致人类患病甚至死亡。还有一些小水滴汇集后被昆虫侵占，这些昆虫在小水滴体内繁殖，消耗水体富含的氧气，改变水体的生态结构，严重的时候会引发大型的水华，让整个水体的水质恶化。

小贴士

还有一些其他生物污染物，如软体动物、栉虾、线虫等，虽然大多数情况下它们不直接导致疾病，但是它们的存在会改变水的感官性状，使水质恶化，产生异臭和异味，从而引起污染。一些软体动物如蜗牛和蚌类，它们会富集水中的病原体和有毒物质，并通过食物链传递给人类。栉虾和线虫等小型无脊椎动物可以大量生存于被污染的水体中，因此它们的存在也能够反映出水体的污染程度。

4. 新污染疾病科

我们最后探秘的是新设立的新污染疾病科，这里的小水滴们正面临着前所未有的挑战。

首先，我们遇到了体内包裹着“环境内分泌干扰物（environmental endocrine disruptor, EEDs）”和“药品及个人护理品（pharmaceutical and personal care products, PPCPs）”的小水滴们。一个正在接受治疗的小水滴愤愤地说道：“EEDs这群擅长模仿的坏家伙，简直把我们的生活搞得一团糟！”原来EEDs能够模拟天然激素，干扰生物体的内分泌系统，不仅影响水生生物的生长发育，还可能借助小水滴侵入人类的身体，对人类生殖系统造成损害，甚至增加人类的恶性肿瘤患病风险。而另一个胸前挂着“PPCPs综合征”标识牌的小水滴也无奈地说道：“PPCPs这群家伙种类繁多、成分复杂，简直让我们小水滴防不胜防！”PPCPs容易在水生生物体内富集，影响它们的生长和繁殖，还会通过食物链进入人体，扰乱人体激素系统，甚至引发毒性作用、

过敏反应以及耐药性等问题。

随后，在新污染疾病科，我们还遇到了浑身沾满微塑料和全氟化合物的小水滴。它们说："这些微塑料和全氟化合物经常被我们的水生生物朋友误食，不仅可能扰乱它们的繁殖周期，影响它们的生存，还能够通过长期积累影响人类健康。"微塑料还可能携带其他污染物，进一步加剧环境污染，对人体健康造成潜在威胁。

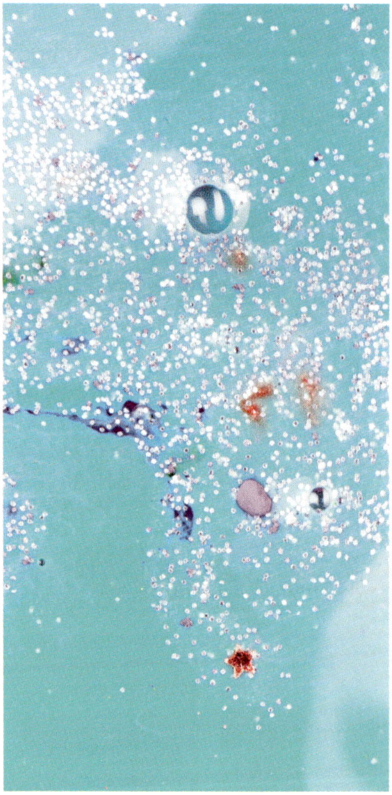

最后，我们遇见了一对小水滴兄妹，它们的身上不小心沾染了来自人类世界的抗生素。小水滴妹妹吐槽道："这些抗生素原本是治病的帮手，但它们在水环境中却成了'捣蛋鬼'，不仅扰乱了微生物朋友们的生活，还影响了我们身体的自净能力。"小水滴哥哥在一旁边点头边附和道："有些微生物朋友身上携带着抗性基因，像是穿上了一件'防护服'，使它们对抗生素不再敏感，这听起来好像很厉害，但实际上却是把双刃剑！抗性基因的传播让原本有效的抗生素渐渐失效，抗生素滥用还会加剧环境污染，形成恶性循环。"小水滴妹妹听完后忧心忡忡地说道："我可不想看到抗生素失效的那一天，那将是世界的灾难！"

小贴士

微塑料最早是在海洋中被发现的，并且被形象地称为"海洋中的 $PM_{2.5}$"，是指直径小于 5 毫米的塑料碎片或颗粒。它们来源广泛，包括塑料制品的生产、使用、处理等环节的破碎、风化、腐蚀、阳光暴晒等物理化学过程。此外，一些塑料垃圾在海洋环境中可能通过生物活动碎片化，变成微塑料。微塑料既破坏环境又危害人类健康，所以对我们每个人来说，少喝瓶装水、少使用塑料袋和一次性塑料餐具，减少塑料垃圾的产生，同时做好垃圾分类，既是保护环境，又是保护自己。

"同学们，在这次'水滴医院'探秘之旅中，我们见识了各种污染物对小水滴的危害。小水滴的生活原本应该是清澈和欢快的，却因为这些'不速之客'而变得困扰重重。希望这次旅程能让你们更加了解和关心水世界。请记住，保护水资源是我们每个人的责任。让我们一起努力，减少污染，保护我们的小水滴，让它们在清澈的水中欢快地跳舞，而不是在医院里唉声叹气。"

观水笔记

时间		地点		天气	

水能载舟，亦能覆舟。

第三部分
水的智慧
水资源的保护与利用

水龙头下流淌的秘密

谢鹏超

“亲爱的同学们，你们有没有好奇过，每天从水龙头流出来的自来水是从哪里来的呢？自来水似乎无处不在，但它的旅程却非常神奇而又复杂。今天，我们就来揭开自来水的神秘面纱，看看它是如何从大自然来到我们家中的。”

1. 源头——大自然的馈赠

自来水，这个被称为“水精灵”的神秘存在，并非如其名那

般轻而易举地“自来”，而是来之不易！它的到来之路，是一段漫长而复杂的旅程，充满了艰辛与挑战。让我们跟随水精灵的脚步，探索它的来源和旅程。

自来水这个活泼的水精灵，穿梭在城市的脉络中，为人们提供生命之水。它纯净、透明，滋养着每一个角落，给人们带来清新和活力。水精灵的来源多种多样，有的源自几百米深的地下，有的则长途跋涉，从几十千米、几百千米甚至几千千米外的水库、江河穿越而来，有的甚至来自遥远的极地冰川。水精灵的故事要从水源地开始。水源地是我们获取水的地方，主要分为两类：一类是生机勃勃的地表水源，这是水精灵的乐园，包括奔腾不息的河流、宁静如镜的湖泊和碧波荡漾的水库。你们或许曾在宽广的江河边嬉戏，或许驻足欣赏过湖光山色，这些地方都是水精灵诞生的摇篮。另一类是深邃神秘的地下水源，这是水精灵的隐蔽“王国”，藏匿于地壳之下，静静流淌。我们通过钻探深井，运用先进的抽水设备将这些深藏不露的水资源抽取上来，就如同探险家寻找地下世界的秘密宝藏。

2. 奇妙的旅程起点——水的取用与净化

在这个奇妙的世界里，水精灵的旅程才刚刚开始。它们在宝贵的水源地被唤醒，准备踏上一段充满冒险的旅程。要将水精灵从水源地抽取出来，我们需要一系列精心设计的设施。首先，取水口如同一根巨大的吸管，静静地从水源地汲取清澈的水精灵。随后，水精灵被送往取水泵站。泵站中的水泵犹如不知疲倦的“水力机器人”。经过这些“水力机器人”的辛勤工作，水精灵将通过错综复杂的管道网络，被安全、稳定地输送到自来水厂，准备进入下一阶段——净化处理。

小贴士

在1883年8月1日，中国第一座现代化自来水厂——杨树浦水厂于上海建成，正式对外供水。当时的清政府北洋通商大臣李鸿章亲手拧开阀门，打开了引入黄浦江水的闸门。如今，全国各地的城镇都配备了自来水厂，它们为城市的水环境和居民的健康安全提供了坚实的保障。

自来水厂按照生活饮用水卫生标准，对从取水泵站送来的原水进行絮凝、沉淀、过滤、消毒等工艺处理。自来水厂就像水的“魔法工厂”，在这里，水会被净化、消毒，变得干净又安全。首先，水精灵被引导进入一个神秘的池子——絮凝池。在絮凝池里，“魔法师”会将一种特殊的“魔法药剂”——絮凝剂加入水精灵群体中。这种药剂使得原本不易沉淀的胶状物和微小悬浮物失去稳定性，它们开始相互“拥抱”，凝结成更大的絮粒，就像在跳一支复杂的舞蹈，最终形成我们肉眼可见的凝结物。接着，水精灵来到沉淀池，絮凝池中形成的大的凝结物在重力的作用下沉到池底，形成污泥，而后被定期排出池外。这个过程就像一场净化仪式，水精灵身上的杂质被去除，变得更加清澈。随后，水精灵会流经

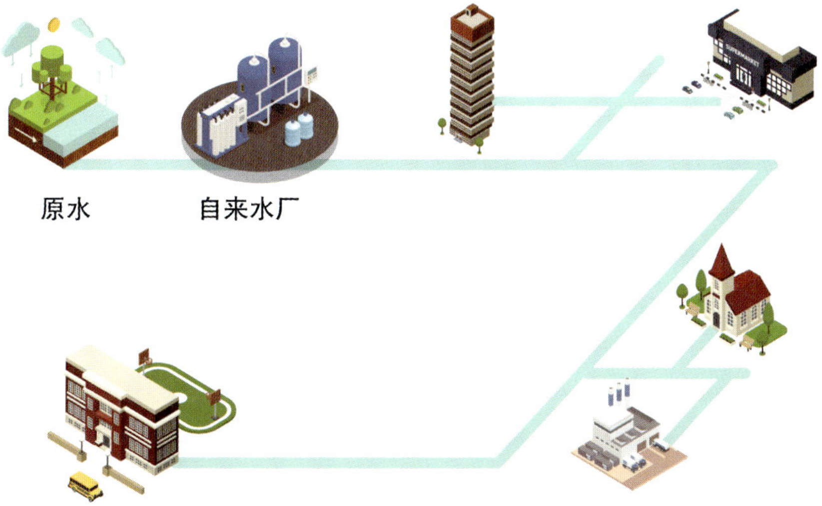

滤池进行过滤，就像过筛子一样，小颗粒和细小杂质被去除。最后一步是消毒，氯气、紫外线、臭氧等成了水精灵的“守护神”，杀灭水中的细菌和病毒，让水变得安全可饮。

小贴士

在1854年，伦敦西部突然暴发了霍乱疫情。英国流行病学家约翰·斯诺（John Snow）通过仔细调查，锁定了罪魁祸首——宽街的水泵，原来霍乱是通过被污染的水传播的。斯诺不仅揭示了疾病传播的真相，还首次用氯气给水消毒，开创了饮用水安全的新纪元，也开启了全球城市饮用水净化的新篇章。

为了进一步提高水精灵的纯净度和安全性，自来水厂还会引入深度处理和强化工艺，包括活性炭吸附、臭氧氧化、膜过滤等。活性炭就像“吸附魔法师”，能捕捉水中有颜色、有异味的分子和有机物；臭氧如同“超级清洁工”，分解掉那些难缠的有机物；

膜过滤技术，如超滤、纳滤和反渗透，就像用一张极细密的网捕捉水中的微小颗粒，即使体积最小的细菌和病毒也不放过，从而实现水的深度净化。通过这些工艺的组合应用，水精灵不仅更加纯净了，而且更加安全了。水精灵在达到饮用水标准后，就会为人们提供更加健康和安全的水资源。

当然，除了常规的水处理流程，还有一些特别定制的水处理工艺，它们针对特定的水质条件进行了优化。比如，低温低浊水处理技术和微污染水处理技术。

低温低浊水处理技术：在寒冷的地区，水精灵往往呈现低温低浊的特性，即水温低和浊度低。水精灵的活性会因低温而降低，这会影响消毒的效果。同时，由于水的浊度低，水中的悬浮物也难以通过常规的混凝沉淀方法去除。但别担心，科学家已经找到了应对这些问题的好方法。

首先，科学家研究出了新型的“魔法药剂”，比如高铁酸盐和聚硅酸。这种“魔法药剂”很特别，它们能在低温下帮助水里的悬浮物和胶体物质聚集在一起，使这些物质变得容易处理。其次，科学家还改进了水精灵的净化之旅。他们改进了水的絮凝、沉淀和过滤过程。比如，将沉淀改为气浮，气浮技术通过在水中形成微小气泡，使气泡迅速附着在悬浮物上，将悬浮物提升至水面，形成易于去除的污泥浮层。结合深度处理和强化工艺，比如活性炭吸附、臭氧氧化和膜过滤，水中的微小杂质也将得以去除。使用这些神奇的科技手段，让低温低浊水变得干净又安全，我们就可以放心地饮用了。这就是科学的魅力，它总能帮助我们解决各种难题。

微污染水处理技术：微污染水处理技术主要针对含有低浓度有机物、氨氮以及其他污染物的水源，这些污染物虽然浓度不高，但对人类健康和生态系统有潜在危害。对于微污染水，自来水厂会使用更高级的技术来处理。例如，水精灵会接受生物预处理技术的处理，这项技术就像水精灵的“小卫士”。生物预处理技术利用一些特殊的微生物，将水里的有害物质“吃掉”或者转化成无害的物质。另外，水精灵会遇到“吸附魔法师”活性炭，活性炭能够吸附水里的有害物质，让水变得更干净。

3. 穿越城市的脉络——自来水的输送与分配

干净的水精灵现在要通过一条条输水管道，进入我们的城市。这些管道像水世界的“高速公路”，将水精灵从自来水厂输送到城市的各个角落。

或许你们曾仰望城市中耸立高空的水塔，但未曾察觉城市的地下隐藏着巨大的储水池。水塔就像宏伟的储水“城堡”，将清澈的水精灵储存其中。它利用自身的高度优势，让水精灵能够借助压力的作用自然流淌到城市的各个角落，确保远离水源的地方也有源源不断的水流，并可享受水精灵带来的清新和活力。城市地下的储水池则像一个隐形的宝藏库。它默默地储存着大量的水精灵，就像一名“守护者”，确保城市在任何时刻都拥有稳定而充足的水资源供应。无论是面对突发的供水问题，还是日常的用水需求，地下储水池都能发挥不可或缺的作用。

从水塔和储水池出来的水精灵，通过一条条小管道来到家庭、学校、医院和工厂等地。这些管道就像城市的血管，将水精灵送到每一个需要它的地方。管道上面装有水表，可以记录用水量。自来水通过管道来到我们身边，我们一打开水龙头，干净的水就哗啦啦地流出来了。我们可以用它洗手、刷牙、洗澡、做饭，还可以给小花小草浇水。

小贴士

为什么自来水有时候会呈乳白色？自来水在高压密闭管道中穿行时，会吸纳管道中的空气。当水从水龙头涌出时，压力的释放让溶解的空气逸出，形成无数细小的气泡，使水短暂呈现出乳白色。别担心，只需静置片刻，水就会恢复清澈，这个过程对水质和饮用安全没有任何影响。

4. 从蔚蓝到清澈——海水淡化的奇迹

那海水可以变成自来水吗？可以！海水淡化就是将咸水变为淡水的“魔法”！

海水中的水精灵来自遥远的海洋深处，因为携带着丰富的盐分和矿物质而有点咸涩。这些盐分是地壳岩石的“赠礼”，当雨水降临时，盐分随着水流的脚步缓缓融入海洋的怀抱，溶解在海水中。海水盐分含量极高，并不适宜我们直接饮用。那么，当提及“海水淡化”时，我们又在谈论什么呢？简单来说，海水淡化是一场精心策划的“海水浴”。经过这场神奇的“洗礼”后，海水中的盐分和其他杂质被逐一去除。这个过程就像给海水洗去了一身的疲惫与杂质，让水精灵焕然一新，变得更加清甜。

海水淡化的方法：一是反渗透法，这是一种常见的海水淡化方法。水精灵会通过一种特殊的膜，这种膜就像一扇只对水精灵

敞开的魔法门。这扇门只允许水分子通过，而将盐分和其他杂质阻挡在外。二是蒸馏法，这种方法就像煮水。海水被加热，水精灵变成水蒸气，当水蒸气冷却后，水精灵就变成纯净的淡水精灵。这种方法是先从海水中获取水蒸气，再将淡水收集起来。三是冷冻法，这种方法是让海水冷却到冰点以下，使水精灵结成冰，盐分则被留在海水中。当这些冰融化时，释放出的水精灵已经摆脱了盐分的束缚。

海水淡化对很多缺水的国家和地区来说非常重要。它可以提供稳定的淡水资源，帮助解决饮水问题，淡化后的海水也可以用来灌溉农田，保证粮食生产。但是海水淡化也面临着一些挑战。比如，淡化过程需要很多能源，可能会对环境造成影响。另外，淡化成本相对较高，需要不断研究和改进技术，以降低成本。

小贴士

1970年，我国首个海水淡化研究室在浙江省杭州市正式成立，该研究室专注于电渗析和反渗透技术；1984年，该研究室重组为杭州水处理技术研究开发中心。我国第一款工业化应用中空纤维反渗透膜、第一条自主知识产权的复合膜生产线、第一套反渗透海水淡化示范装置均诞生于该中心。该中心于1985年在西沙群岛永兴岛建成了当时世界上最大的电渗析海水淡化站，1997年在浙江舟山嵊泗县嵊山岛建成了我国第一套反渗透海水淡化装置。基于多项创新性成果，杭州水处理技术研究开发中心两次荣获“国家科学技术进步奖”一等奖。

5. 归宿：温馨家园的清泉

同学们，现在你们知道水精灵是如何从水源地经过层层净化和输送，最终来到我们家里了吧！它的旅程充满了科学和技术的智慧，让我们每天都能享用干净的水。所以，我们要珍惜每一滴水，爱护我们的供水系统，让清洁的自来水永远陪伴在我们身边。希望大家都能成为节约用水的小卫士，为保护地球的水资源贡献自己的一份力量。

观水笔记

时间		地点		天气	

上善若水。水善利万物而不争，处众人之所恶，故几于道。

城市的隐形守护者——排水系统

冯晓楠

“　　亲爱的同学们，你们好！今天，我要给大家介绍的是一位神秘而又重要的角色，它遍布在城市的各个角落，像一位守护者一样保护着我们整座城市的安全与卫生，它就是我们的城市排水系统。”

1. 城市排水系统是什么？

水是地球上最常见的物质之一，我们的生活离不开水。我们

每天都需要洁净的水来饮用、洗澡、洗衣服等。除此之外，当天空下起雨，雨水会落在城市的各个角落。雨水和污水要被收集起来，接受净化处理。那同学们有没有想过，这些水都去了哪里呢？

其实，这些水都被城市排水系统收集、输送、处理和排放了。城市排水系统在暗处默默守护着整座城市。城市排水系统是一个复杂的系统，主要由排水管道系统、污水处理厂、泵站、出水口等组成。污水由排水管道系统收集并输送至污水处理厂，处理净化后从出水口排放至水体。城市排水系统是现代城市为保护环境，避免水灾危害而建设的一套完整的工程设施，它的功能并不仅在于排除和处理污水、雨水，还包括实现污水的资源化利用、防止雨洪内涝、保护城市公共水域水质等。完善的城市排水系统能够很好地保障人们的健康与生活质量，说它是城市的“隐形守护者”一点也不为过。

小贴士

根据排水方式的不同，排水系统分为合流制和分流制两种基本类型。合流制排水系统是将生活污水、工业废水和雨水混合在同一管渠内排除的系统。最早出现的合流制排水系统将未经处理的混合污水直接就近排入水体，国内外很多老城市以往几乎都采用这种合流制排水系统。但由于污水未经处理就排放，受纳水体遭受了严重污染，因此合流制排水系统是现代城市淘汰或改造的对象。分流制排水系统是将生活污水、工业废水和雨水通过两个或两个以上独立的管渠排除的系统。由于排除雨水的方式不同，分流制排水系统又分为完全分流制和不完全分流制两种。分流制排水系统的环保效果非常好，它们不仅让水变得更干净，也让河流和湖泊恢复了往日的清澈。因此，分流制成了现代城市排水系统发展的新方向。

2. 城市的“血管”——排水管道

如果把城市比喻成一个人，那城市的排水管道就像一根根“血管”。流淌的水就像管道里面的“血液”，正常时畅通无阻，一旦发生“血栓”，出现淤堵，就会“生病”甚至“瘫痪”。

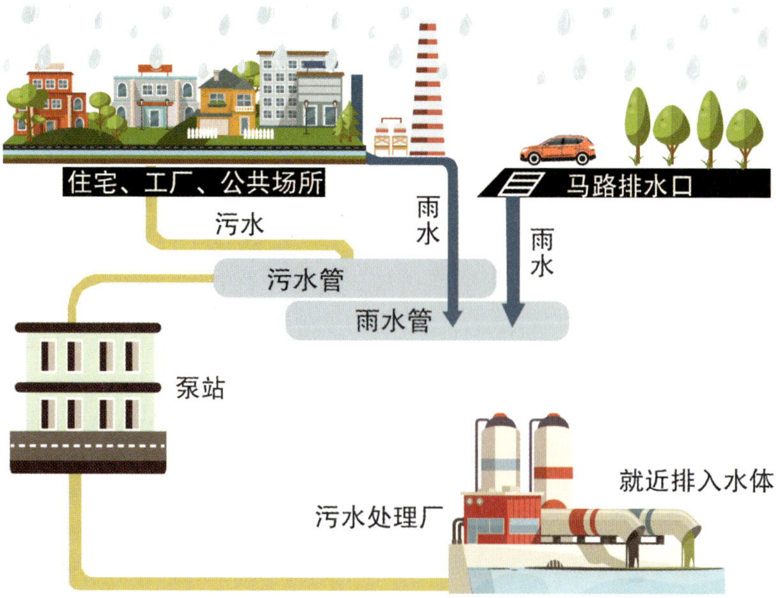

排水管道系统指汇集和排放污水、废水、雨水的管渠及其附属设施所组成的系统。它们负责把我们不需要的水，比如洗澡水、洗菜水还有厕所冲走的水，统统送到外面去。无论是修建在街道上还是其他任何地方，只要是起排水作用的管渠，都作为排水管道统计。排水管道系统由干管、主干管、支管以及管道附属配件组成。无数的管道埋藏在城市地下，就像迷宫一样，运输、转移城市的污水。

同学们可以把主干管想象成地下管道迷宫里的“大主管”，它是整个系统中最粗壮的水管，从家家户户流出来的所有污水都要经过它。主干管的工作是将所有的污水汇集起来，然后引导它们离开我们的社区，流向污水处理厂，完成整个排水过程。干管就像主干管的好朋友，它虽然没有主干管那么粗，但是也相当重要。干管负责从我们家园附近收集污水，然后将这些污水输送给主干管。而支管就像一个小小“清洁工”，别看它细小，没了它可不行。

它穿梭在我们家园的各个角落，比如厕所、浴室和厨房，勤劳地收集我们制造的所有污水。

与污水相比，雨水保持着它最初的纯洁与清澈。所以，雨水和污水虽同经管道，却有着截然不同的命运。当雨滴汇聚成流，它们便踏上了归途，通过城市中那宛如迷宫的排水管道系统，展开一场奇妙的旅程。这些管道就像雨水的专属“高速公路”，雨水一路畅通无阻，直到重新拥抱河流、湖泊或海洋，投入大自然母亲温柔的怀抱。

在地下管道迷宫中，除了各种管道，还有各种管道附属配件，这些配件有着各种各样的能力和任务。接下来，我要向同学们介绍它们中几个常见的成员。

检查井就像管道世界的十字路口，不同大小的管道在这里相遇。检查井还有一扇“门”，那就是你在街上看到的井盖。井盖就像秘密基地的入口，管道工人可以通过这里进入地下，检查和维修管道。跌水井或阶梯式管段帮助水流从高处安全地流到低处，就像坐滑梯一样，让水流不会因为落差太大而“受伤”。

所有这些附属配件和排水管道系统其他“成员”一起工作，就像一个超级团队，它们各司其职，让水能够顺畅地流淌，干净地从一个地方流向另一个地方。同学们下次在街上看到井盖时，或许就会联想到，下面可能正上演着一场精彩绝伦的管道冒险呢！

小贴士

地下管道迷宫也有自己的运行规则，排水管道的设计要符合一定的要求，这也是排水管道的设计秘密。排水管道就像一条繁忙的河道，其中的河水不能跑得太快，否则会把河岸冲垮，最大设计流速就是这条河道的最高速度限制。同时，这条河道里的河水也不能跑得太慢，不然河里的泥沙会沉淀下来，河道就堵住了，最小设计流速就是河道的最低速度要求。充满度是指管道里的水体积与管道总体积的比率，就如河里的水位不能太高，否则河水就会溢出来。最大设计充满度决定了管道里的水最多能占多少空间，这样即使下雨天水量增加，管道也不会被撑爆。最小设计管径如同河道的宽度底线，保证水有足够的空间穿梭。最后，我们来看看管道的坡度，坡度就如同河道的倾斜角度，河道过于平坦，水就不容易流走。最小坡度保证水能顺利地往下流动，不会停滞。

3. 城市排水系统的“心脏”——泵站

城市的排水管道系统就像一个隐形的巨人，虽然它庞大无比，但总是悄悄地躲在我们的脚下，从不炫耀自己的存在。你有没有想过，为什么在我们的日常生活中看不到那么多的水管呢？那是因为城市的排水管道大多埋在地下，它利用重力来输送污水。但是，当管道延伸到很深的地方时，重力就显得力不从心了。这时候就会设置泵站，将污水进行提升，这样一来，污水就可以再次借助重力的力量，继续它的旅程。

泵站的核心装置叫作泵，在排水系统的脉络中就如同人体最坚韧、最勤劳的“心脏”。它不知疲倦地“跳动”，推动污水流向污水处理厂。在一座泵站中，往往设置有很多台泵。别看泵的个头不大，但是它的本领可大着呢。每当污水汇聚，泵便开始发挥它的“心脏”功能。它强有力地“收缩”，克服重重阻力，将污水从地下深处汲取上来，正如心脏将血液泵送至全身，让每个细胞都能得到滋养。泵的每一次启动，都像心脏的一次搏动。泵不仅维持着城

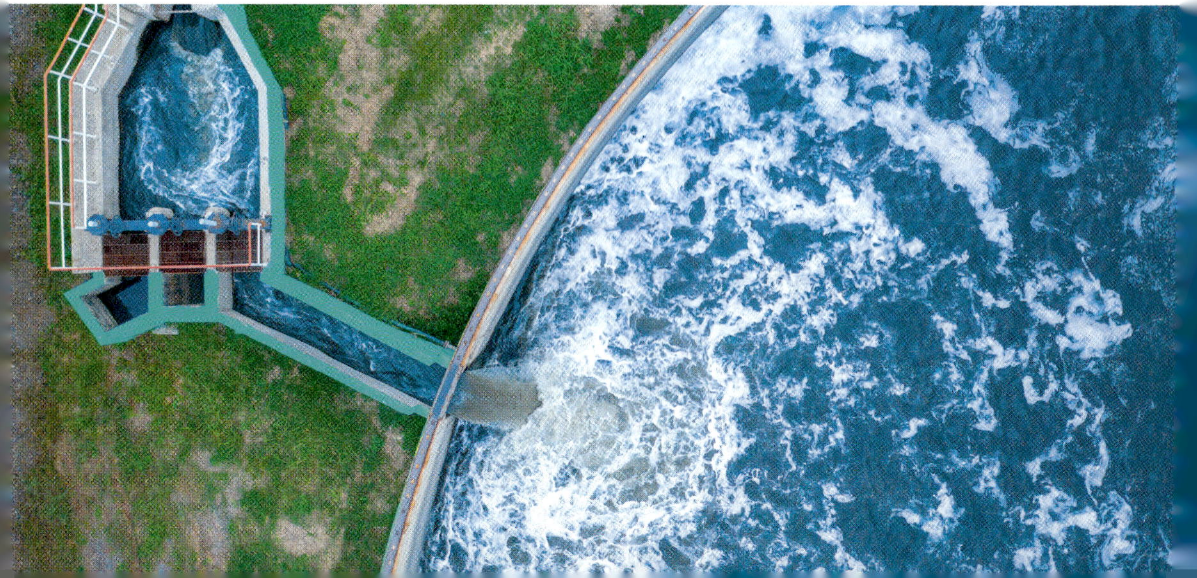

市排水系统的健康运转，还确保了污水处理的高效进行，就如同心脏保证了身体的正常代谢，为生命注入源源不断的活力。

小贴士

泵通常可按工作原理分为叶片式泵、容积式泵和其他类型泵三类。叶片式泵是靠叶轮带动液体高速回转而把机械能传递给所输送的液体。根据泵的叶轮和流道结构特点的不同，叶片式泵又可分为离心泵、轴流泵、混流泵。容积式泵是利用泵工作室容积周期性的变化，对液体起到挤压、增加压能的作用。根据运动部件运动方式的不同，容积式泵又分为往复泵和回转泵两类。其他类型泵利用工作流体传递能量来输送液体，例如射流泵、水锤泵等。

4. 城市的“肾脏”——污水处理厂

同学们，你们有没有想过，那些从我们日常生活中汇聚起来的污水，最终会踏上怎样的旅程？事实上，这些从排水管道汇集的污水，并不会径直奔向河流或海洋，它们首先会被引导至一个至关重要的目的地——污水处理厂。在那里，每一滴污水都将经

历华丽的蜕变，只有当它们洗尽铅华，达到严格的排放标准后，才会被允许重新融入自然水系。

污水处理厂的使命是将浑浊的城市污水转化为接近自然状态的清水。为了实现这一目标，它运用了三套各具特色的净化“魔法”——物理“魔法”、生物“魔法”和化学“魔法”，每一种“魔法”都独具匠心，它们共同编织出一张保护环境的绿色网络，让污水重获新生。物理“魔法”如同自然界最原始的过滤器，通过重力沉降、筛滤等方法，去除水中可见的杂质和颗粒；生物“魔法”则是一场微生物的“盛宴”，利用细菌、藻类等生命体的力量，分解有机物，净化水质；化学“魔法”是最精细的“调色盘”，通过加药、混凝等方式，精准地调节水质，确保每一滴水都安全无害。污水处理厂的工艺流程就是由这三种“魔法”组合优化而成的。污水处理工艺流程分为三级：一级处理主要使用物理“魔法”将污染物从污水中分离出来，是普遍采用的污水处理方法，也是所有污水处理工艺流程的必备环节。二级处理使用生物“魔法”，将有机污染物转变成无害的气体产物、水以及富含有机物的固体

产物。这些固体产物也称为剩余污泥，含有大量的有机物和病原体，而且极易腐败发臭，很容易造成二次污染，必须妥善处置。三级处理采用生物、化学、物理组合“魔法”，使得污水更加干净。污水一般根据不同地区排放标准要求选择合适的方法进行处理。正是这些精心设计的处理环节，让污浊不堪的污水得以重获新生，回归自然的怀抱，继续它生生不息的循环之旅。

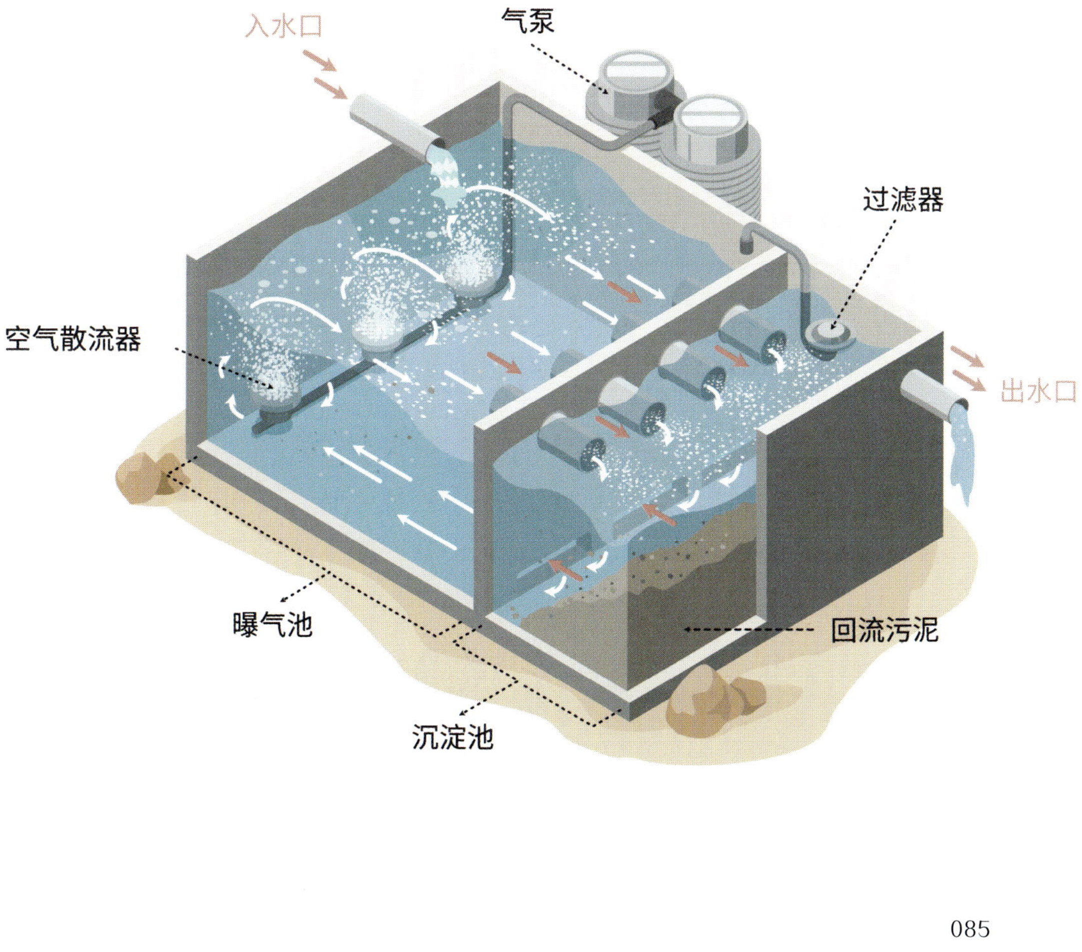

小贴士

目前我国污水处理厂执行《城镇污水处理厂污染物排放标准》（GB 18918-2002），该标准规定了污水处理厂出水、废气排放和污泥处置（控制）的污染物限值。污水处理厂的出水水质只有满足了标准要求，才能放心地让它们流回河里或海里。

5. 城市污水的终点站——出水口

城市排水系统的最后一站就是出水口。出水口是将污水排进水体的构筑物，也是城市排水系统的终点。出水口是一个特别的出口，连接着污水处理厂和附近水体。出水口的设计很讲究，要使排水和水体中的水混合较好，因此出水口一般为淹没式的，而且出水口附近还会有一些监测设备，工作人员会定期检查水的质

量，确保出水真正达到排放要求。只有这样，我们才能保护好河流、湖泊和海洋，让它们保持美丽和健康。

看到这里，同学们是不是对我们用过的水去了哪里有一定的了解了呢？每当我们打开水龙头，那欢快流淌的水就像从云端乘坐滑梯直奔而下的小精灵，它们在我们的厨房、浴室留下足迹后，并非消失无踪，而是踏上了新的奇幻旅程。它们会钻入城市的地下迷宫，经过一系列神奇的净化仪式，最终化身为清新的天使，再次飞向蓝天，或者滋养大地上的每一片绿意。

同学们，此刻你们的心中是否也住着一群好奇的水精灵，渴望探寻这奇妙的循环之旅？那么，让我们一起成为水精灵的朋友，守护这脆弱又宝贵的蓝色星球吧！

“请记住，每一滴水都承载着生命的重量，每一次节约用水，都是在编织人与自然和谐共生的美好图景。让我们手拉手、心连心，用实际行动爱护水资源，让祖国大地处处绽放绿色生机，让江河湖海永远吟唱着清澈的歌谣。”

观水笔记

时间		地点		天气	

上善若水。水善利万物而不争，处众人之所恶，故几于道。

工业废水净化的力量

谢鹏超

“亲爱的同学们，大家好！水是生命之源，我们每天的生活都和水密不可分。但你们知道吗？水在工业生产中也发挥着重要作用。怎么样，大家是不是很好奇呢？那么，今天就由我来为大家讲述一颗小水滴在工业王国中冒险的故事吧。”

1. 旅程的开始

故事的主人公是一颗小水滴，它和它的伙伴们一同生活在水的王国中。平日里，在“国王”的指引下，水滴们各司其职，去到地球的各个角落做出自己的贡献。有的小水滴前往人们的家中，供人们刷牙洗脸、饮水喝茶；有的小水滴汇入江河湖海，为鱼儿提供生存的家园；还有的小水滴渗入大地，帮助花草树木生根发芽。小水滴看到身边的小伙伴们都有了去处，心中既激动又好奇，自己会去到什么地方呢？

“轮到你了！”“国王”对小水滴说道，“这次你要去的地方是工业厂区，一路上会充满各种艰难险阻，你准备好了吗？”

小水滴不解地问道：“‘国王’，那我去工业厂区需要完成什么任务呢？”

“国王”回答道：“你这次去是为了帮助人类完成工业产品的制造，可能是汽车、火车，也可能是手机、电脑，还有可能是衣服、皮鞋，你和你的小伙伴们会分工协作，具体的任务你到时候就知道了。”

小水滴说道：“好的，我准备好了。”

随着“国王”的一声令下，小水滴和它的伙伴们一同开启了这段奇幻的旅程。

小贴士

从古至今，随着人类文明的发展，我们对日常衣食住行的要求也逐渐提高，冶金、造纸、印染、食品加工等制造行业也迅速发展起来。要生产出优质的产品，生产过程就离不开水的参与，例如水可以参与蒸馏、洗涤、冷却等过程。因此，水也被称作工业生产的血脉。

2. 初入钢铁厂

旅程的第一站，小水滴和伙伴们来到了钢铁厂。刚到厂区的门口，它们就听见了轰隆隆的机器声，随着机器热火朝天的工作，坚硬的钢铁被源源不断地生产出来。

“听之前的小伙伴说，钢铁厂之前可受附近的居民讨厌了，据说都是因为我们小水滴的问题，不知道我们这次来会不会被讨厌。”身边的伙伴跟小水滴窃窃私语。

“进来吧！”钢铁厂的工人叔叔对小水滴和它的小伙伴们说

道，“来给我们的机器帮帮忙”。

听到要帮忙，小水滴和它的伙伴们赶忙排着队进入了钢铁厂，在一台台机器中灵活地穿梭着。但渐渐地，机器里的油污和药剂让小水滴原本晶莹剔透的身体变得脏兮兮的，散发的气味让大家都离得远远的，这些脏东西也让小水滴和伙伴们的脚步越来越缓慢。

“我们身上的杂质太多，快走不动了。”小水滴跟工人叔叔说道。

“别着急，我们马上就来帮你们恢复洁净。”工人叔叔回答道。

小贴士

在经过一系列工业生产工序，流过一台台轰隆隆的机器后，原本干净的水会遭受严重的污染，不仅可能含有铅、镉、镍等有毒、有害的重金属离子，还可能含有有机物、无机盐、其他悬浮物等污染物。这些污染物就像人类血液里的杂质一样，如果不清除，不仅会影响工厂的继续运行，还可能产生大量有毒、有害的工业废水。

3.“重获新生”的秘密

“快来，到这些装置里‘洗个澡’，你们马上就变干净了。”工人叔叔对小水滴说道，“这是我们的工业废水净化装置，你们通过这些装置之后，身上附着的脏东西就会被去除掉，这样你们就能重获新生了。”

听了工人叔叔的话，小水滴一头跳进了净化装置里。第一道工序是物理化学处理，经过这道处理，小水滴身上的油脂、酸性物质和碱性物质就会被去除，一些重金属离子也会被去除掉。但此时还有一些顽固的有机污染物没有办法去除，这就需要第二道工序——生物处理。这道工序用到的生物又被称作活性污泥，它们可不是田地里的泥巴，而是由微生物聚集起来形成的絮体，在生长代谢的过程中将小水滴身上附着的污染物消耗利用掉。微生物虽然能力强大，但也是很脆弱的，当水体中存在大量有毒物质或者酸碱度不合适时，微生物就难以生存，更无法发挥作用。所以对于工业废水来讲，物理化学处理过程必不可少。但是仅有这两道工序还不够，小水滴的身上和刚

来的时候相比还是多了许多不洁净的物质，比如顽固的有机物、无机盐及其他悬浮物，这时候就需要使用更加强大的“武器”了，比如吸附、高级氧化、离子交换、膜过滤等处理工艺。这些工艺是科学家为了让小水滴洁净如初而开发的，经过这些工艺的处理，小水滴就能够恢复之前的活力，继续在钢铁厂帮忙了。

小贴士

常见的工业废水处理方法主要包括物理方法、化学方法、生物方法。但工业废水中的污染物“实力”是很强大的，单一的处理方法并不能完全奏效，必须打出一套“组合拳”，才能实现完全净化。深度处理方法中，吸附、高级氧化、离子交换、膜过滤是最为常用的几种方法。吸附是指使用活性炭等多孔材料将水中的污染物吸附去除，高级氧化是指通过产生自由基等具有强氧化能力的物质降解普通氧化剂不能去除的污染物，离子交换是指利用离子交换树脂去除水中我们不需要的离子，膜过滤则是一种效率更高的方法，能够广泛去除水中的悬浮物和大分子物质。这些深度处理方法实力强大，与常规的物理方法、化学方法、生物方法相辅相成。

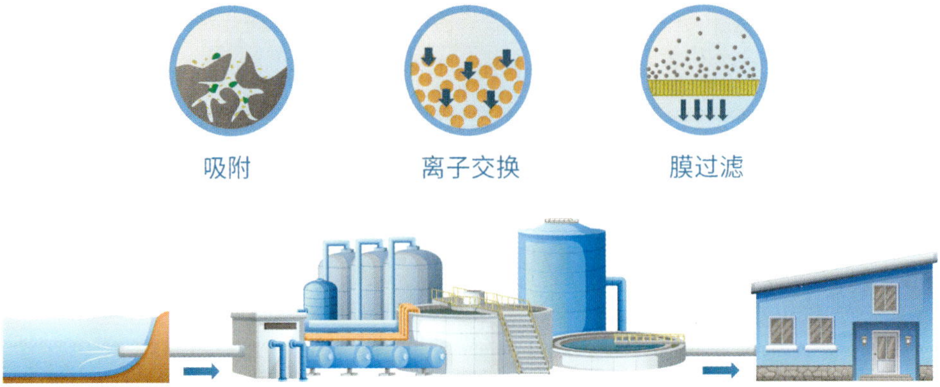

4. 过去的故事

“小水滴，你想听听过去的故事吗？”工人叔叔问道，“其实啊，在过去的很多年里，我们都没法把你们这些小水滴变干净。那些变脏了的小水滴，我们会将它们排向污水处理厂，或者直接排放到附近的河流湖泊里，它们脏兮兮的，受到周围居民的讨厌。”

“那为什么现在我们不用直接流到水体中，而是在工厂里就被净化了呢？”小水滴感到疑惑不解。

工人叔叔叹了一口气说：“后来啊，我们发现之前的做法给环境带来太多的危害了。你知道滇池吗？它是我国云南省昆明市著名的高原淡水湖泊。‘五百里滇池奔来眼底，披襟岸帻，喜茫茫空阔无边……’大观楼长联这样描述滇池。但从 20 世纪 70 年代末开始，滇池流域迅速推进城镇化，化工厂、冶炼厂、热电厂、印染厂等数百座高污染的工厂分布在滇池边，污浊的工业废水被直接排放，滇池的水质急剧恶化，一阵风吹过，几百米以外就能闻到臭味，滇池水也变成了墨绿色。大量暴发的蓝细菌随着湖水翻滚，水葫芦在阳

光下随湖水上下波动，绿油油的一大片。此后，一个举世闻名的湖泊就开始被人戏称为‘公共厕所’，真是令人感到惋惜。我们这时候才意识到工业污染对水环境的严重影响，并开始实施污水治理，历经长达 20 年的努力，滇池的生态环境才逐渐恢复。”

5. “零排放”的探索

工人叔叔拍了拍小水滴，说道：“历经了过去的惨痛教训，我们人类才逐渐意识到，如果我们不去除你们身上的污染物，而是直接放任你们流走，那么自然界洁净的水将会越来越少，甚至人们日常的用水需求都难以满足了。因此，为了保护我们清洁的自然资源，联合国大学提出了‘零排放’理论，遵循清洁生产、3R 原则、生态产业等原则，实现对自然资源的最大化利用，不给大气、水体和土壤遗留废弃物。所以啊，我们才要把你们身上的污染物去除干净，让你们在我们的工厂里得到重新利用。以我们

钢铁制造行业的武钢集团为例，经过对钢铁工业废水处理工艺的多年探索，2023 年武钢集团的工业废水重复利用率达到了 98% 以上，相比 2014 年提升了 20%，这样既实现了工业废水的就地处理，减少了对环境的危害，又减少了洁净水资源的消耗，保护了宝贵的水资源，降低了运营成本，真可谓一举多得。所以说科技是第一生产力，科学家的实践探索促进了国家的发展。”

小水滴点点头，说道：“对啊，我们也要谢谢科学家，正因为他们的努力，我们才能在经受污染之后重获新生，再也不会被大家讨厌了。”

跟工人叔叔告别后，小水滴离开了钢铁厂，前往下一个目的地。

小贴士

3R 原则是指循环经济三原则，即减量化原则（reduce）、再利用原则（reuse）、再循环原则（recycle）。减量化指减少进入生产—消费—再生流程的物质数量，从源头减少资源使用量；再利用指将废物直接作为产品或者经修复、翻新、再制造后继

续作为产品使用，或者将废物的全部或者部分作为其他产品的部件予以使用；再循环指生产出来的产品在完成使用功能后能重新变成可以利用的资源，而不是不可恢复的垃圾。

6.“中国芯”的幕后英雄

离开了钢铁厂，小水滴和它的伙伴们来到了芯片制造厂。近些年，随着我们国家人工智能、量子信息和深海空天开发等未来产业的兴起，芯片技术成了这些先进制造行业不可或缺的基础支撑。

“听说近年来我们国家的芯片制造行业得到了快速发展，突破重重障碍，逐步达到了世界先进水平，助力中国生产的电子产品真正做到‘遥遥领先’。现在我们来到了芯片制造厂，能不能也为我们的‘中国芯’助力呢？”小水滴呢喃道。

这时，工人叔叔先发话了：“当然可以了，但是我们芯片制造厂的要求可是很严格的，你们进入厂房之前要先做‘体检’，不能携带离子、有机物、微生物，不然就要先经过过滤等层层处理，直到达到标准。”

小水滴非常惊讶：“原来芯片制造用水的要求这么严格啊，怪不得它是未来产业的支撑。”

经过了道道关卡，小水滴终于进入了芯片制造的工艺流程，不出所料，这里的考验可不比钢铁厂小，有机物、无机盐、重金属离子等污染物很快便充满了小水滴的身体。这时，小水滴就要进入净化流程了，先通过物理化学方法去除部分污染物，再通过生物方法降解剩下的污染物，依旧顽固的污染物则要通过吸附、高级氧化、膜分离等深度处理方法去除了。最后，经过消毒工艺杀灭微生物，小水滴就焕发新生了。怎么样，是不是很神奇呢？一颗颗小水滴也成了“中国芯”的幕后英雄。

小贴士

芯片制造行业是一个需要大量水资源的行业，生产一张 12 英寸（1 英寸 =2.54 厘米）的硅晶圆要用掉 8 吨水，能够装满一台洒水车。此外，随着芯片复杂程度的提升，用水量也显著增加。世界著名的芯片制造企业台积电每天用水 15.6 万吨，约占我国台湾地区的三大科学园区总用水量的 1/3，相当于每天抽干 80 个泳池。

故事的最后，小水滴结束了一天的工作，回到了水的王国。它自豪地对小伙伴们说起这一天在工厂里的经历，感叹自己虽然

只是一颗小水滴，却为人类的工业生产做出了巨大的贡献。

“亲爱的同学们，听完小水滴在工业王国的冒险故事，你们是不是很想知道水到底是怎么参与工厂的制造过程，而废水中的污染物又是怎么被去除的呢？那么你们从现在开始就要好好学习科学文化知识，期待你们长大后能够开发出更高效的工业废水处理技术，共同保护我们的水资源，建设真正的零排放国家。”

观水笔记

时间		地点		天气	

上善若水。水善利万物而不争，处众人之所恶，故几于道。

生活污水的重生之旅

郭刚

“亲爱的同学们，生活污水的重生之旅是一个关于转变和希望的故事，污水处理技术就像魔法一样，可以将脏脏的污水变成有用的东西。”

1. 迷失的开始

生活污水是从哪里来的呢？每天，我们都像小探险家一样在家里和外面做着各种好玩的事情。但是你知道吗？在这些快乐的时光里，还有一些“小坏蛋”悄悄地被我们创造出来了，它们就是生活污水。早上，当太阳公公露出笑脸，我们也开始了忙碌的一天。首先，我们会去洗手间刷牙洗脸。刷牙时，当我们挤上牙膏，牙刷在嘴巴里“跳舞”时，那些泡泡就悄悄变成了污水的一部分；洗脸时，温水轻轻滑过我们的脸颊，带走积累了一夜的脏东西，包括我们皮肤上的灰尘和小小的细菌，它们也加入了污水的队伍。接下来，爸爸妈妈可能会在厨房里“变魔术”，做出美味的早餐，他们洗菜、洗碗、切水果时，冲洗过后的水会携带着泥土和食物

残渣，一起流进污水管。这些污水都是生活污水的主要来源。

在繁忙的城市中，生活污水混杂着各种杂质和污染物，从千家万户的下水道中涌出。这些生活污水中含有洗涤剂、食物残渣、油脂甚至微小的塑料颗粒。它们来自家庭生活必需品，一旦被排放到环境中，就会变成污染源，对河流、湖泊乃至海洋造成威胁。

小贴士

生活污水是指人们在日常生活中使用过的，并被生活废物所污染的水。这类污水主要来源于居住建筑和公共建筑，例如住宅、机关、学校、医院、商店等。工业、企业卫生间所排放的污水也属于生活污水。生活污水含有多种污染物，主要包括有机物和大量病原微生物，如寄生虫卵、胃肠道传染病病毒等。这些污染物在水体中容易腐化并产生恶臭味，同时病原微生物以生活污水中的有机物为营养来源，大量繁殖，可能导致传染病蔓延、流行。

2. 重生的契机

生活污水从我们家里的水槽、浴缸、洗衣机流进下水道后，

会悄悄地流进污水管网这个秘密通道里。污水管网就像一座大大的、黑黑的迷宫，生活污水在里面咕噜咕噜地前进，有时候还会遇到其他小伙伴，比如邻居家的生活污水，大家汇聚后一起前行。在地下前进了好长一段路后，生活污水来到了一个集合点，叫作污水提升泵站。这里有很多厉害的机器，它们会帮助生活污水更快、更轻松地前进，就像我们坐电梯一样，嗖的一下就升高了，然后被送到更远的地方。在城市的角落，有一些被称为污水处理厂的神奇建筑，生活污水经过漫长的旅行之后，就会来到这里。在这里，生活污水将经历一场“改造”，开始重生之旅。

小贴士

广义上，下水道是指用于收集和输送废水的地下管道，这些废水包括生活污水、雨水以及其他废水。污水管网通常特指用于收集和输送生活污水、工业废水的管道系统，它专注于输送那些需要经过污水处理厂处理的污水。污水管网对于保持公共卫生、

防止水体污染、促进水资源的可持续利用都具有重要意义。污水提升泵站用于提升污水，以减小污水随后流经管道的埋设深度较深的地方时的流动阻力，埋设深度在有的地方变浅后，其后面的管道的建造成本就低多了。

3. 净化的旅程

在污水处理厂的第一站，生活污水遇到了格栅。格栅像一双巨大的手，将污水里的大块垃圾都“捞”了出来。塑料袋、菜叶、纸巾……这些东西被一一拦截，送进了旁边的垃圾桶。生活污水看着这些垃圾被清理掉，感觉自己也轻松了许多。接下来，生活污水进入了沉砂池。在这里，水流变得缓慢而平静，就像进入了一个安静的梦境。在沉砂池里，生活污水中的泥土、沙子等密度较大的物质开始慢慢沉到池底。生活污水发现，自己变得越来越清澈了，虽然还有一些微小的颗粒漂浮在水中，但已经比刚才好了很多。最神奇的地方莫过于生物处理池了。在这里，生活污水

遇到了许多体积微小的生物朋友，比如细菌和原生动物。这些微生物就像小小的“清洁工”，不断地吃掉生活污水中的有机物、氮、磷等让水变脏的污染物。生活污水看着这些微生物忙碌的身影，感觉自己的身体也变得越来越健康了。经过一段时间的处理，生活污水中的有机物大大减少，水质得到了显著改善。接下来，生活污水会进入更深层次的处理阶段。在这个阶段，通过物理化学方法，生活污水中剩余的悬浮物和溶解性污染物被去除掉。有些污水处理厂还会使用活性炭吸附有害物质，或者通过超滤反渗透等技术进一步净化水质。

小贴士

污水处理厂的工艺流程包括一级处理、二级处理和三级处理。一级处理主要通过物理方法去除污水中的大颗粒物和悬浮物，如通过格栅、沉砂池等设施进行处理。二级处理主要利用生物方法，如使用活性污泥，让微生物降解有机物。三级处理则对经过二级处理后仍残余的难以降解的物质进行处理，如细菌、重金属离子等，以确保出水质量达到排放标准或回用要求。

4. 重获新生与回归自然

污水处理厂处理过的生活污水就像洗过澡的小朋友一样，变得干净又清新啦！这些水虽然不能直接饮用，但是有很多用处。现在，它们可以被安全地用于城市绿化、工业生产、农业灌溉，甚至作为城市水景的补给水源。处理过的水可以用来浇花浇草，让花草喝得饱饱的，长得绿油油的；也可以用来清洗城市里的街道和公园，让环境变得干净整洁。有些工厂需要很多很多水来制造产品，这些处理过的水就可以帮上大忙，让工厂的工作更加顺利。农民伯伯可以用这些水来灌溉农田，帮助庄稼长得更好，结出更多的果实。在一些干旱的地方，这些水可以作为河流和湖泊的补给水源，让水里的生物有水“喝”，可以更加自由地移动。冬天的时候，有些地方会用这些水来造雪，小朋友们可以堆雪人、打雪仗，玩得不亦乐乎。

处理过的水在完成它们的社会使命后，能以一种更加纯净的形式回归自然。它们可能通过人工湿地进一步净化，最终汇入河

流和湖泊，成为自然界水循环的一部分。污水处理厂就像魔术师一样，将脏水变成了有用的水，帮助我们做了很多事情，保护了我们的地球家园。真是太神奇了，对吧？嘿嘿，下次看到污水处理厂，要记得它们可是环保的小能手哦！

小贴士

根据污水处理厂的出水分类标准，不同类别的出水，其水质和用途也有所不同：Ⅰ类水的水质标准最高，这类水能够直接排入特定的生态环境中，例如水生态系统、生态景观水体等；Ⅱ类水的水质标准相对低一些，可作为市政绿化用水，也可作为城市湿地、景观水体等的补给水源；Ⅲ类水是经过生物处理、消毒等高级别处理后的水，可满足一定的工业用水需求，以及景观水体、市政绿化等用水要求；Ⅳ类水通常可作为农业用水和工业用水的补给水源。

5. 污水资源化

生活污水的重生之旅就是在介绍污水资源化，又称废水回收，是指将生活废水引到特定的净化系统中，通过物理、化学、生物方法进行处理，使其达到可以再次利用的标准。这个过程不仅提高了水资源的利用率，还有助于减少环境污染，实现水资源的循环利用。生活污水的重生之旅告诉我们，即使是被污染的资源，只要我们用心去处理和转化，它们也能重获新生，再次成为支持我们生活的宝贵资源。污水资源化不仅是对环境的尊重，也是对未来负责的表现。

“亲爱的同学们，我们能从这个故事中学习到，每一个小小的行动都能对环境产生积极的影响。虽然污水资源化主要是由大人们完成的，但同学们也可以做一些事情来尽自己的一份力哦！例如，洗澡的时候不要一直开着水龙头，洗菜的时候用盆子装水，不将垃圾丢进马桶或者下水道。大家还可以向爸爸妈妈和朋友们宣传污水资源化（废水回收）的重要性，让我们一起为保护水资源、创造绿色地球贡献自己的力量。”

观水笔记

时间		地点		天气	

上善若水。水善利万物而不争，处众人之所恶，故几于道。

“海绵城市”的雨滴变奏曲——雨水综合利用

任拥政

“在一个遥远而梦幻的云朵王国里，我，小雨滴点点，与无数同样怀揣着梦想与使命的雨滴伙伴们，每日在蔚蓝的天幕下轻盈地舞动，编织着关于勇气、探索与奉献的动人故事。今天，我们开启了一趟前所未有的旅程，目的地是一个被誉为‘海绵城市’的奇迹之地。‘海绵城市’不仅是一座城市，更是一个生态与智慧完美融合的典范，它以一种温柔而高效的方式管理着每一滴雨水的命运，让我们这些来自天空的‘使者’得以在人间绽放出耀眼的光芒。”

1. 启程：天空的呼唤

在云朵王国的边缘，我们聚集在一起，聆听着风的低语和雷的轰鸣。这些自然的声音仿佛是大自然对我们的召唤，告诉我们下方有一个需要我们去滋润、去守护的地方。我们兴奋地相互碰撞，形成一朵朵洁白的云，然后在阳光的照耀下化作无数细小的雨滴，勇敢地跳出了云层的怀抱，开始了这趟充满未知与挑战的旅程。

2. 第一站：渗（润物细无声的渗透）

当我们穿越云层，首次接触到地面时，迎接我们的是一片充满生机的景象。城市的街道上不再是冰冷的石板和水泥森林，而是布满了透水铺装，它们像一块块巨大的海绵，温柔地接纳了我们。我们沿着这些铺装缓缓渗透进土壤深处，与地下的植物根系交织在一起，为城市中的植物带来了生命的甘露。在这一刻，我们仿

佛成了大自然的信使，将天空的恩赐传递给大地上的每一个生命。

不仅如此，城市的屋顶也发生了翻天覆地的变化。许多建筑换上了绿色的外衣——绿色屋顶。这些屋顶上种植着各种各样的植物，它们不仅美化了城市的天际线，还为我们这些雨滴提供了更多的渗透空间。我们落在绿色屋顶上，先是被植物叶片轻轻接住，然后缓缓渗透进土壤层中，滋养着植物根系和土壤微生物。这样的设计不仅减少了雨水径流对排水系统的压力，还提高了城市的绿化率和空气质量。

小贴士

很久很久以前，城市里都是“传统排水爷爷”在守护。每当天空下起大雨，它就急匆匆地拿起它的“大扫帚”——其实就是那些硬邦邦的排水管道，想把雨水都扫进下水道里。“传统排水爷爷”其实不太擅长“渗”，因为它的“大扫帚”太笔直了，雨水很难通过它渗透进土壤里，大部分被急匆匆地送走了。“传统排水爷爷”虽然努力，却忽略了雨水其实可以变成珍贵的资源。而且，

它的“肚子”里有时还会堵上一些垃圾和杂物，让排水变得不那么顺畅。

3. 第二站：滞（悠闲的停留）

告别了繁忙的街道和绿色的屋顶后，我们来到了城市中的一片宁静之地——下沉式绿地和雨水花园。这里是我们小憩的乐园，也是我们展现魅力的舞台。

在下沉式绿地中，我们被巧妙地引导至低洼地带，形成了一片片美丽的湖泊和溪流。我们在这里悠闲地停留，与周围的自然景观融为一体。湖面上波光粼粼，倒映着蓝天白云和周围的绿树红花；溪流中水声潺潺，仿佛在诉说着古老而又神秘的故事。

而在雨水花园中，我们更是成了主角。这些花园中有被设计成各种形状和大小的水池、花坛，里面种植着各种耐旱、耐涝的植物。我们落在雨水花园中，与土壤和植物共同构成了一个微型生态系统。在这里，我们不再急于前行，而是享受着这份宁静与美好。我们的停留不仅美化了城市环境，还为城市防洪和地下水补给做出了重要贡献。

小贴士

雨水花园和我们平常见到的公园有一些区别。雨水花园就像一个穿着神奇斗篷的小小探险家。它的斗篷上有着无数的小洞洞，就像藏着无数秘密的宝藏箱。每当大雨来临，它就会兴奋地张开斗篷，迎接雨水的到来。这些雨水不会直接流走，而是会渗透进它的身体里，被它巧妙地储存起来。更神奇的是，它还会用它的身体净化这些雨水，让它们变得更加清澈。等到晴天，它再慢慢地释放这些储存的雨水，滋润花园里的植物，也让周围的空气变得更加清新。

4. 第三站：蓄（智慧的蓄积）

经过旅程的前两站后，我们意识到自己的价值远不止是滋润大地和美化环境。在“海绵城市”中，我们还有一个更加重要的使命——蓄积水资源。于是我们来到了城市的蓄水池和湿地公园这些“水银行”。在这里，我们被安全地蓄积起来，等待完成未来的使命。

蓄水池是城市雨水收集与利用的重要设施之一。它们被设计成各式各样的水池、水窖，可以蓄积大量的雨水资源。当雨水充沛时，这些蓄水池就会像海绵一样吸收并蓄积雨水；在干旱时期或用水高峰期到来时，这些蓄积的雨水就会被释放出来用于灌溉、冲厕、道路清洗等。这样不仅可以减轻城市排水系统的压力，还可以提高水资源的利用效率。

湿地公园是城市中的绿洲。它们不仅具有蓄积雨水的功能，

还承担着净化水质、保护生物多样性等生态功能。在湿地公园中，我们与各种水生植物和微生物共同构成了一个复杂的生态系统。这些植物和微生物能够吸收我们身上的污染物并释放出清新的氧气和养分。经过它们的净化后我们变得更加清澈透明，也为城市的水资源增添了新的活力。

5. 第四站：净（自然的净化）

在蓄水池和湿地公园，我们经历了一场奇妙的净化之旅。虽然我们已经很干净了，但“海绵城市”的设计师们仍然希望我们能够变得更加清澈透明，以便更好地服务于城市。于是，他们利用生态浮岛、植被过滤带等自然净化系统对我们进行了进一步的净化处理。

生态浮岛是一种通过人工或自然方式建造的漂浮在水面上的生态系统，由植物、微生物和有机材料等组成。生态浮岛上的植物能够吸收我们身上的营养物质，并释放出氧气和养分。同时，

它们还能够为水中的鱼类和其他水生生物提供栖息地和食物来源。这样一来，不仅我们得到了净化，水生态环境也得到了改善。

植被过滤带则是一种利用植物根系和土壤微生物来净化水质的设施。它们被布置在雨水径流的必经之路上，通过吸附、过滤和生物降解等方法去除我们身上的污染物。植被过滤带不仅可以美化城市环境，还可以改善城市水质。

6. 第五站：用（多样的利用）

经过净化后的我们变得更加珍贵，也拥有了更加广阔的用武之地。在“海绵城市”中，我们被赋予了多重身份和使命，成了城市生活中不可或缺的一部分。

首先，我们被用于灌溉农田和绿化植被。在干旱的季节里，我们化作甘霖滋润着每一寸土地和每一片绿叶，为城市带来勃勃生机。其次，我们被引入公园喷泉和景观水体中，为市民带来清凉与欢乐。在炎炎夏日里，我们化作轻盈的水雾在空中飞舞飘散，

为城市增添一抹清凉与浪漫。此外，我们还被用于清洁街道和建筑表面，让城市变得更加干净整洁。我们的每一次利用都是水资源价值的充分体现，也是人类智慧与创造力的反映。

7. 第六站：排（有序的告别）

当我们的使命完成之时，我们也迎来了与这座城市的告别时刻。但我们的旅程并未结束，而是以另一种形式继续着。通过精心设计的排水系统，我们被有序地引导至河流、海洋等水体的怀抱中。在那里，我们与其他水流汇合，然后继续环球旅行。

排水系统的设计充分考虑了雨水的排放与利用之间的平衡。它采用雨水管渠、雨水泵站等多种建筑设计，实现了雨水的汇合。我们的心将永远留在充满智慧与温情的“海绵城市”，那里有我们关于奉献与成长的美好记忆。在告别的时刻，我们感受到了深深的眷恋与不舍，但更多的是对未来的期待与憧憬。我们相信在未来的日子里，“海绵城市”将继续以其独特的魅力与智慧吸引更多的雨水与生命体共同书写人与自然和谐共生的美好篇章。

小贴士

有时候，“传统排水爷爷”的“血管”会变得不那么通畅。因为有些不文明的居民会往下水道里扔垃圾、倒污水，导致管道堵塞，雨水无法顺利排出。这时就会出现积水、内涝等问题，给居民的生活带来不便。“传统排水爷爷”在“渗、滞、蓄、净、用”这五个环节表现得并不出色。它的设计初衷主要是解决排水问题，而没有充分考虑雨水的循环利用和环境保护。因此，很多宝贵的雨水资源就这样白白流失了，没有得到充分的利用。

随着时代的进步和科技的发展，人们意识到了传统排水方式的局限性，并开始寻求更加环保、高效的排水解决方案。这时，“海绵城市”如同天使般降临，带来了全新的排水理念和希望。

8. 尾声：回归云朵王国

经历了这场奇妙的旅程后，我们重新回到了云朵王国的怀抱中。我们带着满满的收获与感悟，向伙伴们分享在“海绵城市”的所见、所闻、所感。我们讲述着关于渗透、滞留、蓄积、净化、利用与排放的动人故事，以及它们背后所蕴含的智慧与哲理。它们不仅是我们对雨水的管理方式的不断进步，更是人与自然和谐共生的智慧结晶。希望人类朋友能够珍惜每一滴水，爱护我们共同的家园，让地球变得更加美好，让社会实现可持续发展。

观水笔记

时间		地点		天气	

上善若水。水善利万物而不争，处众人之所恶，故几于道。